ちくま

現代数学入門

遠山 啓

筑摩書房

目　次

数学は変貌する

1 古代の数学 …………………………… 009
　時代の区分／古代の数学—エジプト・中国／古代ギリシアの数学とタレス

2 中世の数学 …………………………… 019
　ピタゴラス／ギリシアの社会／ユークリッドの『原論』／アルキメデスとアラビア文化

3 近代の数学 …………………………… 027
　デカルトと『方法序説』／座標と分析・総合／変化と運動／天動説から地動説へ／ガリレオと地動説／微分と積分／ニュートンとライプニッツの論争／微分・積分の効用／ケプラーの3法則／微分法則・積分法則とニュートン力学／ニュートン力学と相対性理論／関数とはなにか／ブラック・ボックス／因果の法則／統計的法則の背景／統計的法則

4 現代の数学 …………………………… 070
　現代数学の特徴／幾何学が時代の区切りになった／無定義語／集合とはなに

か／含む・含まれる／集合と形式論理学／合成と分解／対応と写像／数学的原子論／空間的／１対１対応／無限集合／集合と構造／構造という概念——同型／構造の科学／位相的構造／代数的構造／順序の構造／構成的方法／現代数学と芸術と科学／動的体系／群／解剖法と打診法／数学勉強法

現代数学への招待

1 ……………………………………… 141
　構想力の解放／構造／集合論
2 ……………………………………… 154
　集合論の創始者／集合数／可算無限
3 ……………………………………… 167
　カントルの目標／集合論の一つの性格／集合の累乗／部分集合の集合
4 ……………………………………… 179
　集合／公理／同型性／構造
5 ……………………………………… 191
　群／置換群／部分群
6 ……………………………………… 205
　部分群の位数／同型／自己同型としての群

目 次

7 217
　　準同型／剰余群／部分群の交わりと結び

8 231
　　同型定理／体／有限体

9 246
　　体の標数／最小の体／標数 p の体

10 260
　　環／環の実例／有限環／準同型環

11 273
　　多元環／四元数

12 285
　　分析と総合／同型，準同型／直和と直積／冪零と冪等

13 299
　　いろいろの距離／無限次元の距離空間／関数空間

14 312
　　近傍／触点，閉包／閉集合と開集合

15 324
　　位相空間と分離公理／T_0-空間／T_1-空間／T_2-空間／T_3-空間／連続写像／位相の強弱

エッセイ　遠山啓先生の思い出（亀井哲治郎）　339

数学は変貌する

本稿は1970年6月,新宿の紀伊國屋ホールで行われた筑摩書房主催〈筑摩総合大学公開講座〉での2回の講演がもとになっている.大幅に加筆され『数学は変貌する』(1971,国土社)に収録された.本書は国土新書版『数学は変貌する』(1976)に拠った.

数学は変貌する

1　古代の数学

時代の区分

　数学は変貌する——という題でお話ししてみたいと思います．この題をごらんになって，いったい数学というのが変わったり変貌したりするのかという疑問を持たれる方があるかもしれません．しかし，「変貌」というのは顔つきが変わるという意味だと考えていただいたらいいと思います．本質が変わるわけではないけれども，顔つきは古代から現代までいろいろ変わった．そういうことをみなさんがある程度知っておられるほうが，数学というものを理解するうえで役に立つだろうと思われます．

　数学という学問は，あらゆる学問の中でおそらくいちばん古い学問でしょう．文明の始まる紀元前何千年も昔から，数学という学問の萌芽のようなものはすでにできています．そういう意味でたいへん古い学問です．

　この何千年にわたる数学の歴史を考えるために，おおまかに時代を分けたほうが都合がよい．これはべつに定説というわけではありませんが，私なりに数学の発展を大きく

四つの時代に区切ってみたいと思います．そのほうが数学というものの変貌の仕方を理解するには都合がいいようです．その四つの時代というのは，古代，中世，近代，現代です．それぞれ，この四つの時代に数学がどう変わってきたかということをお話ししてみたいと思います．

古代の数学というのは，古代文明の生み出した数学です．文明が古代のいろいろな世界のいろいろな地方に起こった．エジプトやバビロニア——あるいはメソポタミアともいわれていますが——，そしてインド，中国，というところに農業を中心にした古代の文明が生まれた，この時代の数学であるといってよろしい．この時代に，おおまかにいうと今の小学校程度の数学ができ上がったといっていいようです．この古代の終わりから中世の始まりの境目に，ギリシア人が出て数学の新しい考えをうち出した．ここから中世が始まる．それから中世が長い間つづいて，どこで区切りができるかというと，近代の 17 世紀になってデカルトが，みなさんご存じのように座標というものを考えた．ここで近代の数学が始まる．この近代はだいたいどの辺までかというと 19 世紀の終わりごろまでで，20 世紀になって現代の数学が出てきた．そういうふうな区切り方をしてみたいと思うのです．

現代の数学というのは，20 世紀になって出てきた数学ですから，数学の歴史からいうといちばん新しい，そして発展のいちばん先端にあたるわけです．だからこれは一日や二日講義してもなかなかわからないというふうにお考えか

もわかりませんが，ある意味で古代から近代までの数学よりはかえってわかりやすくなっている．かえって常識に近づいている面もある．

20世紀になってからの現代の数学というのは，ある意味で小学生の数学の考え方に非常に近づいているともいえる．だから最近は，現代の数学の考え方を小学校から教えようという動きが世界全体に出てきた．これは決して不可能なことではなくて，むしろ当然なことであります．つまり発展のいちばん先端のところがいちばんやさしいところと結びつく．こういうところがまた学問の発展のおもしろいところであります．数学者が長い間かかって考えたことが，いちばんむずかしいといわれているところが，小学生の考え方と似てきたというところもたいへんおもしろいことであります．

現代の数学のいろいろな考え，たとえば集合だとか，こういった考え方が，最近は小学校の教科書にはいってきた．これは，おそらくみなさんが小学校のときにはあまり教わらなかったことだと思いますが，たとえばみなさんの中に小学生の子どもさんをお持ちの方は，こういうことを質問されてちょっと困るということが起こるかもしれない．そういうお父さんの悩みにも，ある程度答えることもできるのではないかと思います．

つまりひと昔前の算術を思い浮かべていただければいいと思いますが，古代の数学には，数学の中についてまわる定理・証明といったことはまずでてこない．非常に経験的

であるということがいえます．古代の数学の本が現在わずか残っていますが，この本の中には，一般的な法則をのべて，これを定理と称して，それを証明するというかたちはでてきていない．いろいろな問題を集めて，それの解き方が書いてあるというのが大部分であります．

古代の数学——エジプト・中国

さて古代の数学というと，だいたい今までの小学校の算数を思い浮かべていただければいい．これはエジプトで紀元前三千年か四千年に書かれたといわれている数学の本を見てもそうなっております．各章に似たような問題が集めてあって，それの解き方が説明してある．一般法則というのは，そういうかたちでは書いてない．それを読む人は，その問題をつぎつぎに解いてゆくと，何となく一般的な解き方がわかるというふうに書いてあります．

また中国の数学の本で最も古いと言われている『九章算術』，これは九章からできている本だから『九章算術』といわれております．この本はいつできたかあまりはっきりしない．いろいろな推測によると，中国の戦国時代ごろに出たが，いわゆる秦の帝国ができ，秦の始皇帝が本をみんな焼いてしまったために，こういう数学の本も一緒に焼かれてしまい，秦のあとにできた漢の時代に，バラバラに散らばっているものをあとの人が編集したのではないかといわれています．ですからこれも相当古い本であります．中国

の数学の本はたくさんありますけれども，最も古いものといわれている『九章算術』の書き方もやはりそうであります．同じところに似た問題がたくさん集めてある．そして解き方がわりあいくわしく書いてある．しかし定理証明というかたちでは書いてありません．この『九章算術』は，同じ時代の世界の他の数学と比べても，おそらく最も進んだ内容を持っているといわれております．

この本の八章目は「方程」という題になっています．これは現在数学の中でたくさん使われている「方程式」という術語の起源であります．『九章算術』の中の一つの章の名前から「方程」ということばが出てきた．おそらく方程式というのはみなさんが中学時代から出くわされたと思いますが，起こりは古いのであります．方程ということの意味は，「程」は大きさ，量であり，「方」は比べるという意味だそうです．すなわち量を比べる，方程式はそうなっているわけです．左辺と右辺の量を比べてイコールだとしているわけですから，まさに方程式というのはそういう意味を持っている．これは今日でいうと連立１次方程式を扱っております．その解き方がたいへん系統的にみごとに書かれている．こういう非常にすぐれている本でも定理証明というかたちでは書いてない．だから私がいったように経験的である．

当時の本というものは，政府のお役人が勉強すべき本としてつくられたものだと思います．さっきいったエジプトの本もやはり政府の役人が読む本，今日でいうと国家公務

員の試験を受けるための参考書みたいなものであるといっていいかと思います．一般の大衆が読む本ではなかった．つまり，この程度の数学というものを知らないと，政府の役人としての仕事はできなかったということでしょう．田畑の面積の計算のしかた，四角形，三角形，あるいは円の面積，こういったようなものの求め方が出ております．こういう古代の数学には，今からいうとかなり程度の高いものが出ている．たとえばメソポタミアあたりでは，今日でいう2次方程式の解き方も出ております．

どうしてこういうところまで進んだかというと，やはり当時の社会がこの程度の数学を要求したのだということがいえると思います．たとえば，今いったような相当大きな国家ができると，行政をしなければならない．まず必要なのは税金を取り立てることである．それから大きな道路をつくること，それから大きな河の治水工事をおこなうこと，あるいはエジプトだとピラミッドのような大きな建築物をつくる必要がある．このために相当程度の高い数学が必要になってきた．やはり数学というものが頭の中だけで勝手に考えられたものではなくて，社会的必要というものの刺激を受けて発展するものだということは，古代のばあいは特にはっきりしていると思います．

たとえば，そういう古代の農業を主とした国家でまず数学と一緒に発達する学問は天文学です．これは決して道楽に星を眺めるのではなくて，農業の必要上，星を眺めたのです．つまり農業でいちばんだいじなことは，気候，ある

いは季節を知るということです．現在では1年が365日とちょっと，ということはわかっておりますが，大昔からそういうことが知られているわけではない．これは長い間の星の観測の結果知られてきたことである．これを知らないと，いつ種子をまいて，いつ取り入れをしたらいいかわからない．時期を知る，季節を知るということが農業の国家にとってたいへんだいじなことである．現在では都会に住んでいる人間はあまり季節を考える必要がないかも知れない．だから，だんだん季節というものから遠くなっているのですが，農家の人は季節をたいへんよく知っていないと農業ができない．そういう意味で農業を主とした古代の国家では必ず天文学が発展する．天文学が発展するといろいろな計算の必要が起こってくる．そして，数学もそれに刺激されて発展してくる．これは数学の発展の歴史からいうと定石であります．これが古代の数学のだいたいのあり方でした．

古代ギリシアの数学とタレス

 ところが，この古代の数学がまたつぎの段階に進むきっかけをつくったのがギリシアです．だいたい紀元前6世紀か5世紀ごろにギリシアの民族が歴史の中に登場してきた．ギリシアは，ご存じのように，古代のエジプトやメソポタミアという国とかなり違う国であった．あまり農業は盛んではない．農業生産物というのはオリーブとかブドウ

といったようなものであった．そういうものを主としながら，貿易，つまり地中海を船で商売していくというようなかたちであった．つまりギリシアは商工業を主としていた．だから当然，そこで必要とされる数学は以前のものとはかなり趣を異にしていたということがいえると思います．

みなさんもたぶん，数学という授業の中でお聞きになったと思いますが，ギリシアのいちばん古い七賢人の筆頭に出てくるのがタレス（紀元前640-546）です．タレスという人は，いわゆるギリシア哲学の開祖であるともいわれている．と同時にギリシアの数学の開祖でもある．一方では，たぶん商人であったのではないかといわれています．たいへん賢い人で，商売も非常にうまかったといわれている．そして，この当時のギリシア人は，エジプトとかメソポタミアに頻繁に旅行をしている．そこから古代の数学の成果を学んできた．そして新しい考え方で数学をながめた．ギリシア人の新しいところは何かというと，古代になかった証明ということを考え出したことであります．

タレスという人は，自分では何も書物を書いていない．昔の人は，書物を書くのはあまり立派なことだとは考えていなかった．書物を書くのは二流の人間であった．今でもそうかもしれないが，たとえばキリストも自分では本を書いていない．お釈迦（紀元前466-386）さんもそうである．お経はお釈迦さんが説教したことを弟子が記録していたものです．ソクラテス（紀元前470-399）も自分では何も本は

書いていない．ソクラテスがどんなことを言ったかは，弟子のプラトン（紀元前 427-347）が「対話篇」で書いている．ソクラテス自身は書いていない．孔子だけは自分で書いているようですが，偉いといわれる人はあまり自分では本を書いていない．

タレスもそうであります．彼がどんなことを考えていたかということは，他人が記録したことによるほかはない．タレスが数学でどんなことをやったかということは言い伝えによるほかはないが，タレスのやったことの一つに三角形の合同の定理があるといわれている．それは「二角と夾辺が同じ三角形は合同である」．別のことばでいうと，二角と夾辺をきめれば三角形は決まってしまう．この合同の定理はタレスが初めて定理のかたちで述べて証明したといわれています．

これはまたタレスの商売と大いに関係があって，父は地中海を股にかけた商売人であったということとたいへん関係があります．つまり海岸の二点から沖合を通っている船の位置を決定するのに，この定理を使えばわかるはずです．たとえば，ここに海岸があって，海に船がいる．それを陸地の2点から角度をはかる．つまり，この角度を知れば，その三角形は決まって船の位置がわかると，いわれています．あるいは「二等辺三角形の底角は等しい」というのもタレスが証明したと言い伝えられている．ここで初めて「証明」というものを数学の中に持ち込んだ．

これ以来，証明というもののない数学はなくなってき

た.一般法則を述べて証明するということが数学にとっては欠くことのできない仕事になってきた.そういう意味でギリシア以前の数学と,ギリシア以後の数学ははっきりと違いが出てきた.こうしてギリシア人は数学の新しい時代を切りひらいた.

数学は変貌する

2 中世の数学

　この時代を簡単にいうと，前の古代は，いろいろな事実をただ並べてある．帰納までもいかない．あるいは別の言い方では経験的であった．一般法則をそこから導きだすということはしなかった．帰納の前段階までいった．ところが，ギリシア人のほうは証明ということを重要視した．これはじつは演繹である．一般法則から個々の事実を導き出すというかたちをとる．その証明というのはいったい何かというと，複雑な事柄を簡単な事柄に分けて，その簡単な事柄を組み合わせて複雑なことを理解するということにほかならない．そういう考え方がギリシアで初めて出てきた．

ピタゴラス

　タレスのあとに出てきた有名な人はピタゴラス（紀元前582-497頃）です．おそらくピタゴラスはだれでも知っている名前だと思います．学校の教科書にもピタゴラスは出ている．ピタゴラスの肖像まで出ていますが，これは後で描いたものです．昔は写真なんかなかったから，髭を生や

したおじいさんに描いてあります．ピタゴラスという人もあんまりはっきりしない．ギリシアでいろいろな政治運動もやったようですが，そこで失敗して，今のギリシアを追い出されてイタリアの南部，ちょうど長靴の底のあたりの所へ行って，ここで新しい団体をつくった．この団体は宗教団体であると同時に，学問の研究団体でもあった．ピタゴラスという人は，そういう奇妙な二重性格を持っていた．新しい宗教の教祖でもあるし，また一方では数学や科学の開祖でもあった．たいへん謎めいた人物である．このピタゴラスも自分では本を書いていない．だからどういうことを考えたかということは，やはり弟子たちの書いたものによるほかはない．また秘密主義であったために弟子たちもあまり本は書かなくて，弟子たちからまた聞きをしたプラトンとかアリストテレス（紀元前 382-322）の本の中に残っている．

　ピタゴラスという人は，やはりタレスの考え方を受け継いで証明ということを考えた．この中でいちばん有名なのは例の「ピタゴラスの定理」であります．これを証明したといわれていますが，これもはっきりしない．しかもどんな方法で証明したかもわからない．学校で教わっている証明はあとのものです．またたとえばピタゴラスが証明した有名な定理といわれているのは「三角形の内角の和は二直角である」．これもピタゴラスが証明したといわれている．外国の教科書には，これをピタゴラスの定理と書いている本もあります．とにかく簡単なことであるけれども，証明

ということを考え出したということがたいへん新しいところであります．

ギリシアの社会

 それでは，ギリシア人は，どうしてこういう新しい考え方，つまりだれでもが承認せざるをえないような簡単な事実を組み合わせて，複雑な事柄を論理的に証明するといったようなことを始めたのか．これはたいへん興味のある問題だと思います．なぜかということはわからない．ギリシア人の頭の中に起こったことだから想像するほかはありませんが，私はつぎのように考えています．
 ギリシアというところは，前に述べたように農業国家ではなくて，商人とか，今でいうと中小企業の集まりみたいな国であった．そして都市を，小さな都市をほうぼうにつくっていた．人口十万以下ぐらいの都市がほうぼうにあった．しかも，その都市はかなり独立性を持っていた．その中で市民たちは自由にいろんなことを討議した．要するに議論が非常に盛んであった．もちろん奴隷もいたわけですから，奴隷にはそういうことをする自由はなかったけれども，自由な市民の間にはそういった討議が盛んにおこなわれた．ギリシアは農業もやったのですけれども，その農業はかなり自作農が多かったといわれています．だから他人から押さえつけられることはなかった．そういう国であるから自由な討議の習慣がたいへん盛んになってきた．これ

はプラトンの「対話篇」なんかをみると，主人公はすべてソクラテスですが，ソクラテスのやり方は，町をぶらぶら歩いて，人をつかまえては議論を吹っかける．そして自分のペースへ巻き込んで自分の考え方を宣伝するといったようなことをやっていた．

要するに自由討議のたいへん盛んな国であった．こういうことから論理が発展するということは当然である．人をいかに自分の意見に同調させるかというところで弁論術も発展する．専制的な国家では，弁論術とか，あるいは修辞学，あるいは論理学などは発展しない．論理というのは，対等の人間がたくさん集まって，そこで議論する習慣がなければでてこない．王様が一言いうと，何でもご無理ごもっともで通るような国では論理学は発展しない．問答無用という国でも論理学は発展しない．ギリシアはそうではなくて，議論の非常に盛んな国であった．だから論理学が発展した．

議論というのはどういうふうにして行われるかというと，二人の人間が議論するときに共通の基盤がなかったら議論はできない．二人の人間が両方とも認めることのできるような何かの事柄がなければ議論は完全にすれ違いになってしまう．二人の人間が同じ土俵の上で議論をたたかわせるためには，何か共通の出発点がなければならない．その共通の出発点を確認してから議論しないと，いつまでも議論はすれ違いになる．

こういうことを数学へ持ってくると，数学の議論の出発

点になるのは公理といわれている．これはだれでもがいやでも承認せざるをえない真理であります．たとえば「二点を通る直線は一本しかない」といったようなことは，よほどつむじ曲りの人間でも，まず承認せざるをえない．このように数学の中のいくつかのごくわずかな真理——つまり公理をまずみんなに承認させて，これを組み合わせていろんなことを証明してゆく．つまりそういった自由に討議するというギリシアの社会の中から，数学の中で論理によっていろんな新しい事実を発見してゆくとか証明してゆくという新しい考え方がでてきたといってもいいでしょう．おそらくエジプトとか，こういう専制国家，王様がいて命令一下，何でも国民が従わなければならない国では，こういう考え方は発展しなかったと思います．

ユークリッドの『原論』

　ギリシアに始まったこの考え方は，いまいったように一般法則からだんだん特殊な事実を導き出してゆくという意味で演繹的であった．もう一つの特徴は，運動というものを退ける，動的ではなくて静的であったということがいえる．このギリシア人の数学の考え方をまとめて一つの大きな学問体系をつくったのがユークリッド（紀元前300頃）であります．

　紀元前300年ごろ，これはいわゆる古代ギリシアというよりは，アレキサンダー大帝（紀元前356-326）が大きな帝

国をつくって，その一つの国の首都をエジプトのアレキサンドリアに置いて，歴史ではいわゆるヘレニズムの文化というものをつくった時代であります．ユークリッドは，アレキサンドリアの図書館に勤めていた学者でした．だから古代のギリシアよりも百年，あるいはもっとあとになる．つまり，この人がギリシア人の考え方を大きくまとめたのです．

　ユークリッドがいくつかの公理を設定して，これを組み合わせて幾何学の大きな学問体系をつくったのですが，これが今日いわゆる『原論』といわれているものである．英語では Element といわれている．エレメントは元（もと）ということで，これはギリシア語では「ストイケイヤ」といわれていることばですが，「ストイケイヤ」というのはABC，アルファベットという意味で，つまり数学のアルファベット，ABC である．日本語では数学のイロハとでも訳したらいいのではないかと思います．この本は，いまいったギリシア人が考えた方法を徹底的に適用して幾何学の体系をつくった．これ以来，数学は，このユークリッドのやり方を踏襲することになったのです．

　ユークリッドのもう一つの特徴は，さっきいったように演繹的であると同時に静的であった．今日でいうと，現在はやっていませんが，昔の中学でやった初等幾何にちょうど相当する．あの中にでてくる図形はだいたい変化しないことを前提にしている．三角形 ABC というときに，それが伸びたり縮んだりすることは予想していない．一度決め

たら動かせない．静的である．だからこのときの数学は，動くものとか変化するものを研究するのには適していなかった．動かないもの，静止しているものを研究するには適している．これが長い中世の数学の特徴でした．

アルキメデスとアラビア文化

ご存じのように，ヨーロッパの中世は，少なくとも自然科学の方向ではほとんど学問は進歩しないで停滞していた．ただ，このユークリッドから少し遅れてアルキメデス（紀元前287-212）という人が出た．これは現在のイタリアの長靴の先にあるシシリー島にいた人ですが，ご存じのように，アルキメデスの法則，水に浮かんでいる物の浮力の法則，あるいは梃子，こういう法則でたいへん有名な人ですけれども，数学でもたいへん大きな仕事をやった人です．紀元前200年ごろでありながら，すでに今日の微分積分学の入口のところまでいっている．おそらく数学の歴史の中で最もすぐれた天才であったと思われます．この人のような非常にすぐれた人が出たけれども，アルキメデスがあまりにも偉かったために当時には，後継者がなかった．むしろアルキメデスのやったことは，ヨーロッパで後継者がなくて，アラビアのほうに流れて行って，アラビアで後継者ができた．当時はヨーロッパよりもアラビアのほうがずっと文化が進んでいた．

ヨーロッパ人は，大昔からヨーロッパがいちばん文化が

進んでいるとうぬぼれていますが,決してそんなことはない.ヨーロッパが急に文化が進んだのは近代になってからであり,ごく新しいことである.昔はアジアのほうが進んでいた.数学だってそうです.ヨーロッパに関する限り中世では数学はほとんど発展しなかった.というよりはむしろ退化していた.アルキメデスなどの非常にすぐれた学問はアラビアに行って,アラビアからもう一度ヨーロッパに逆輸入された.アルキメデスの仕事はアラビア語に一度翻訳されて,アラビア語からまたヨーロッパのことばに翻訳されるというかたちをとった.だから中世は自然科学,あるいは数学にとっては住みにくい時代であった.宗教がもっぱら絶対的な権威を持っていたから,科学は住み心地がよくなかった.そこで,科学はむしろアラビアのほうに一時疎開していたわけです.

　近代の初めになってから,アラビアに疎開していた科学はぽつぽつとヨーロッパへまた帰ってきた.いわゆるルネッサンスの時代から,次第に自然科学の研究,あるいは数学の研究が盛んになってきた.たとえば文字を使って計算をやる代数学,こういったようなものが16世紀あたりからでてくる.だんだん近代の数学が生まれてくる準備ができてきたのです.たとえば当時までは代数方程式は2次方程式までしか解けなかった.それが16世紀ごろになって3次方程式,あるいは4次方程式の解法も発見された.それはイタリアで発見された.そうして代数学ももう一回,復興してきました.

数学は変貌する
3 近代の数学

デカルトと『方法序説』

　数学のなかで本当の近代的な考え方が明瞭に打ち出されたのは，はじめに申しあげたようにデカルト（1596-1650）からであるといっていいと思います．もちろん，そういった一人の人間が出し抜けにえらいことをしたのではなく，デカルト以前にたくさんの人がいろいろな準備をして，そこから新しい人がはっきりとそういうことを述べるというかたちをとった．それがデカルトであり，デカルトで新しい数学の考え方が生まれてきた．

　デカルトの数学は『幾何学』という名前をもっている．フランス語で La Géométrie です．これは 17 世紀の始まりにでた．この本はデカルトの有名な『方法序説』という本の付録として書かれたものです．『方法序説』という本はたいへん有名な本で，ご存じでしょう．これは現在，日本でも文庫本の中にはいっていますからすぐ手にはいる．たいへん薄い本です．しかし，学問の歴史の中では極めて重要なものである．また哲学の歴史の中でも近代の哲学の開

祖のようなものである.

　この「方法」というのは学問の研究方法だと思うのです. 当時の哲学というのは, 今日の哲学と少し違っていて, あらゆる学問, 自然科学も数学もふくんだ学問を研究する, 一般的方法を研究するという建前であった. それが哲学であった. 今の哲学は実際の科学とはかなりかけ離れて, 普通の人間にはわからないことを考えるのが哲学みたいになっているが, 当時の哲学は科学とたいへん密着していたのです. デカルトもそうです. デカルトは近代の哲学の開祖であると同時に第一流の数学者でもあった. これはいいことかどうかわからないが, 今は哲学者というと哲学専門になって, 科学者としても偉いという人はあまりいないようです. われわれ科学者にはデカルト時代の哲学はたいへんわかりやすい.

　この『方法序説』の中に四つの研究の方法というものを挙げている. 第一は,「今までいろんな本が書かれ, 偉い人といわれている人がいろんなことをいっているが, それは全部疑ってかかれ. それはウソかもしれない. まず第一に疑え」ということが書いてある. 少し読んでみると,「私が, 明証的に真理であると認めるものでなければ, いかなる事柄でもこれを真なりとして受容れないこと」, 換言すれば「注意深く即断と偏見を避けること, そして何らの疑いを差しはさむ余地のないほど明瞭かつ判明に私の精神に現われるもの以外は, 決して自分の判断に包含せしめないこと, これである」. つまり自分が正しいと納得できない

ことは何も信ずるな，ということが第一に書いてある．簡単にいえば，すべてをまず疑ってかかれということです．

第二は，「私が検討しようとするもろもろの難問のおのおのをできるだけ，またそれらをよりよく解決するために必要なだけ多数の小部分に分割することである」．むずかしいものでも，それをうまい具合に分けていって，一つ一つを解決してゆけばどんな難問でも解決できる．簡単にいうと，分析することです．非常に込み入ったことでも，いちおう細かい部分に分けて，一つ一つを各個撃破してゆけばむずかしい問題でも解ける．これが分析です．

第三は分析と反対の総合ですが，「最も単純で，最も認識しやすいものから始めて，少しずつ，いわば段階を追うて複雑なものの認識に到り，また自然的には相互に前後のない事物の間に秩序を仮定しながら，私の思想を秩序立って導いて行くことである」．簡単にいえば，小さい部分に分解したものを，今度は適当な方法で秩序立てて，結びつけてゆく，つまり総合してゆくことである．

第四番目は，「そして最後に全般にわたって，自分は何一つ落とさなかったと確信するほど完全な列挙と広汎な再検討をすることである」．それだけやって，今度は自分のやったことをもう一回見落としがないかと見る．

以上四つの法則を立てているわけです．そういわれると，いかにもあたり前のことをいっているようであります．そう考えると真理というものは当たり前のことで，特別むずかしいことではない．しかし，普通の人はそのこと

になかなか気がつかない．たしかにいわれてみると，なるほどと気がつくけれども，やっぱりデカルトにこうはっきりいわれるまではぼんやりとしか気がついていない．普通の人がだれでも日常経験してしまうことでありながら，だれかがはっきりいうまでは意識しないような，こういうことを発見するのは，やっぱりデカルトのようなずば抜けた天才でないとできない．発見したことはたいへん平凡なことだけれども，この人がいうまではだれもはっきりはいってくれなかった．そういうものであろうと思います．こういう考え方を数学に適用したのがデカルトの幾何学です．

座標と分析・総合

デカルトは，今日いわれている座標を考えだして，幾何学の考え方を一変しました．その点ではユークリッドの研究の仕方とはたいへん違っています．ユークリッドには座標はないが，デカルトは座標を使った．それは大きな違いです．デカルト自身が，自分は自分の新しい幾何学を打ち立てるのにユークリッドからほとんど何一つ借りてこなかったということもいっております．ただ，相似三角形の定理，つまり「相似三角形の角は等しく，辺は比例する」という定理と，ピタゴラスの定理だけはユークリッドから借用したが，ほかは何も借りてこなかったといっております．

たしかに解析幾何学では座標を使って直線などを考える

ためには相似三角形の定理はいります．その相似三角形の定理がないと，直線は1次方程式で表わされるということの証明ができない．だからこれはぜひともいる．それから，ピタゴラスの定理がないと2点間の距離を計算することはできない．このピタゴラスの定理を使って2点間の距離を計算できるのです．しかし，ほかには何一つ借りてこなかった．だから解析幾何学はユークリッドの幾何学と根本的にといっていいくらい違うのです．結論は違わないでしょうが，方法がまるで違う．

　前に述べたように，できるだけ物事を小さい部分に分けるということも，解析幾何学ではみごとに実現しています．たとえば平面上の点が，x座標・y座標二つの数の組で表わされる，つまり縦と横に分かれる．平面は2次元ですが，これを二つの1次元の直線に分ける．すなわち，できるだけこまかい部分に分けるという分析の方法が使われている．デカルトの幾何学は解析幾何学といわれますが，解析という言葉は英語の analysis です．これは普通のことばでいうと「分析」ということです．だから「分析幾何学」といったほうがいいくらいです．

　このように解析幾何学は点の位置から出発します．図形の中で最も簡単なのは点ですから，その点の位置を決めることから出発する．これ以上簡単なものはないというところから出発する．こういうふうに，つまり点の位置を縦と横に分ける．縦と横は数で表わされる．xとyというのは数で表わされる．だから点の位置というものが二つの数の

組で表わされるから、幾何学が数の世界と結びつくのです。数の計算によって図形の性質を研究することが可能になっている。ユークリッドでは計算という手段はあんまり使わない。幾何は幾何としてやるほかはないのですが、デカルトになると、図形の研究が計算というたいへん強力な手段によって研究できるようになった。

　デカルトは、別のところで、「自分のやったことは、代数で幾何をやることができるようにした」といっています。幾何は目で見えて見通しはたいへんいいのですが、あまり細かいことはできない。逆に代数はあまり見通しはよくないけれども、計算というたいへん精密な手段が使える。つまり両方の長所で欠点を補うようにしたというようなことをいっています。つまり、そうすることによって代数と幾何が同じようなものになってしまった。二つのバラバラに離れていた学問の分野を結びつけた。これがデカルトのやったたいへん大きな功績であり、これが近代の数学の始まりとなりました。

変化と運動

　もう一つだいじなことは、みなさんもご存じと思いますが、解析幾何学は座標を使うことによって、運動するもの、変化するものを実にみごとにとらえることができます。たとえば、いろいろなものが変化するということは、グラフによっていちばんよくつかまえることができる。ユークリ

ッドの幾何学ではそういうことはなかなかできない．すなわちデカルトの幾何学が登場する以前は，運動と変化というものをしっかりと科学的につかまえることがなかなかできなかった．だから物理学でも，あるいは力学でも静止しているものはある程度できたが，運動するものは手がつかなかった．力学でも「静」力学まではいったけれども，「動」力学，つまり動いているものの法則をつかまえるところまではゆかなかった．ところがデカルトの幾何学によってそれが一挙に可能になった．これが近代数学です．つまり近代数学は，中世の数学が静的であったのに対して動的になったということがいえると思うのです．これは大きな違いである．これは，数学の歴史とは限らず，もっと広くいって科学の歴史の中で画期的なことでした．それがまず何とつながっているかというと，それはいわゆるニュートン力学といわれているものをつくりだす大きな支えになったのです．

天動説から地動説へ

人間が世界を認識してゆく歴史の中でたいへん大きな事件は地動説だといえます．人間が地球のごく狭いところで考えている間は，地球というものは動かないで，太陽が動いていると考えていた．これが天動説です．これは人間の素朴な感覚からいうと当然であります．だれも，感覚的には，地面が動いているということはとらえられない．見た

感じでは，太陽が動いているとしか思えない．それをひっくり返して，われわれが不動の大地，動かざること山のごとしという形容詞があるくらいに山は動かないと思っていたものが，いずくんぞ知らん，たいへんな速度で動いているのだ，山も川もみんな動いているのだというのです．これはショッキングなことだと思いますが，こういう地動説が人間の認識の歴史の中にはいってきたということは，大事件だったと思います．

　われわれは子どものときから，こういうことは教わっているからあまり驚かないけれども，中世の人にとってはたいへんなショックであったと思われます．だからこの地動説を唱えたコペルニクス（1473-1543）は，こういうことを公表するととんでもない目に遭うことがあるというので，恐れて，地動説を書いた自分の本は，自分が死んでから出版するように遺言したそうです．死んでからだと死刑にはならないからです．ところが，コペルニクスのあとになって，これを堂々と唱えたジョルダーノ・ブルーノ（1548-1600）という人は焼き殺されました．けしからんことをいうやつだというのです．

　これは単なる天文学上の学説ではなくて，当時の中世の人たち全体の世界観を転覆することであったのです．このくらい常識に反しているショッキングなことはない．こういうことになると当然，バイブルの権威をそこなうことになる．

ガリレオと地動説

　ブルーノの死んだあとで，ガリレオ（1564-1642）が緻密な論理で地動説を展開した．これは現在『天文対話』（1632）といって，やはり岩波文庫の中にはいっています．現在読んでもたいへんおもしろい本です．ガリレオという人は物理学者でしたが，文学的才能のある人でもあった．この『天文対話』という本は今読んでもたいへんおもしろい．彼は天動説を唱えている人を完膚なきまでにやっつけた．あまりひどくやっつけたために，当時の人たちを怒らせたようです．ご存じのようにガリレオは裁判にかけられた．その裁判では自分は間違ったといわざるをえなかった．これもご存じのことですが，ガリレオは死刑にはならなかったけれども，一生涯世の中に出られない．昔でいうと閉門禁足の処分をうけた．自由に歩き回れないで，故郷の町から自由に出られないものとされた．しかし，ガリレオは，そういう閉門の時代を利用して，今度は『新科学対話』（1636）という本を書いた．これは，今日のニュートン力学の原則をはっきりと，みごとに書いた本です．これも文庫で出ていますから簡単に読めます．つまり，このことは地動説が中世の人に与えたショックが，いかに大きかったかということを表わしています．

　コペルニクスからブルーノ，ガリレオと，たくさんの人がたいへんな犠牲を払ってつくりあげた地動説を完成したのがニュートン（1643-1727）です．これは，ガリレオと，も

う一人，ドイツの天文学者，あるいは数学者であったケプラー（1571-1630）ですが，この二人の人の仕事をみごとに統一して，いわゆるニュートン力学というものをつくったのです．

おおまかにいうと，ガリレオが『新科学対話』のなかで展開したのは地球上の物体の運動法則でしたが，これに対してケプラーのは天体の運動法則でした．この二つを同一の原理によって統一したのがニュートンでした．

ガリレオが手製の望遠鏡ではじめて月をのぞいてみたとき，たいへん驚いた．アリストテレスは地上の物質は雑多で汚ならしいが，月から上にある天体はまるでちがった上等の物質からできていると主張していたし，誰もこの主張を疑う人がなかった．ところが望遠鏡でみると，月もやはり山あり谷ありで，地球と同じ状態らしいとガリレオは知った．そこで，ガリレオは月も，あるいは宇宙全体も同じような物質でできているらしいと覚ったのです．この発見は，人間の世界認職の歴史において，まさに画期的なできごとでした．これはアポロの月面着陸などよりはるかに大きな意義をもっていたといえます．

しかし，さすがのガリレオも，地上の物体と天体とが同じ法則に支配されているというところまでは到達できませんでした．

それをなしとげたのはニュートンでした．そしてニュートンの武器となったのは微分積分という新しい数学だったのです．

ニュートンは、もちろん「ニュートン力学」などとはいわなかったのですが、ここで地動説がほとんど反論の余地のないほど完全に証明された。ニュートンの、太陽系の運動法則を証明するのに使ったのが、ここにいう微分積分学であります。微分積分学は、ニュートンの力学を証明する手段として生まれてきたといっても過言ではないくらい物理学や力学と密接な関係を持っていたのです。

微分と積分

　微分積分というのは何か。簡単にいいますと、その方法はさっきいったデカルトの四つの法則の中の、ちょうど2番目と3番目にあたるといえます。つまり2番目の法則は、複雑なものを研究するときには、できるだけ細かい部分に分けると物事は簡単になるのだといっています。これは分析です。もう一回読んでみると、「私が検討しようとするもろもろの難問のおのおのをできるだけ、またそれらをよりよく解決するために必要なだけ多数の小部分に分割することである」。これが微分にあたるのです。微分ということばそのものが、字の通り細かく分けるということでしょう。

　つぎの第三の法則が、ちょうど積分にあたります。いったん細かく分けたものをもういちどつなぎ合わせることです。微分はちょうど分析にあたり、積分は総合にあたるのです。積分ということばも、分けたものを積み重ねるとい

う意味ですから，たいへんうまいことばでしょう．

　昔は，微分積分とはたいへんむずかしい学問だと考えられていたらしいのですが，ある意味ではこんなに簡単な考えはないように思います．微分積分というとわからなくなるというような通説がありますが，考え方そのものはごく自然でやさしい考え方だと思います．字の通りです．昔は微分積分のわかる人はあまりいなかったといいますが，そんなことは決してない．ただ，微分のほうは無限にこまかく分けてゆく，そこのところがちょっと違う．そこのところはややむずかしいといえばむずかしいのです．現在は，そういうことはいわないでしょうが，昔は微分というのは字の通り，「かすかにわかる」，積分は「わかった積りになる」というような冗談が言われていましたが，決してそういうことはないのです．

　たとえば，今は微分を高等学校でやっていますからご存じと思いますが，図1のような曲がった曲線があるとします．そのとき，このまま見れば曲がっているけれども，細かく分けて一部分だけ見るとしだいにまっすぐに近くなる．細かく分ければ分けるほど直線に近くなる．曲線はたいへん複雑でむずかしいが，直線だったらたいへん簡単です．細かく分ければ分けるほど，簡単な直線に近づくというアイデアが微分のもとです．ただ，だんだん近づくということをやかましくいうと，いろいろやっかいなことが起こりますが，考えとしては極めて簡単なことです．曲線を仮に一部分だけ虫めがねで見るとまっすぐに近くなる．さ

図1

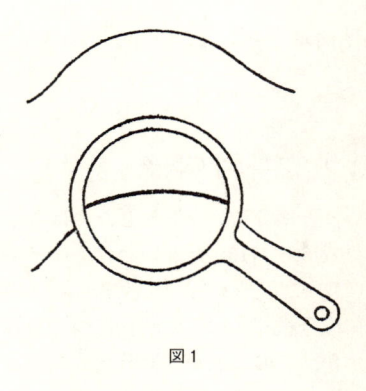

らに顕微鏡のような倍率の高いもので見るとさらにまっすぐに近くなる．電子顕微鏡みたいなもので見るとなお直線に近くなる．要するに，たいへん倍率の高い顕微鏡で曲がったものを見るとまっすぐに近くなる．この考え方にほかならない．そして直線だったらたいへん取扱いは簡単であるということです．

ただ，顕微鏡は倍率を高くしていくと一部分はたいへん精密に見えるけれども，こんどは逆に視野が狭くなるという欠陥がでてくる．ごく一部分しか見えない．見える範囲がだんだん狭くなってくる．そういう欠陥が一方ではでてくる．これを補うためには，こんどは一部分ごとに見たものをつなぎ合わせてみないと，全体が見えなくなる．そのつなぎ合わせることが積分なのだと考えればいいのです．そういう考え方で微分積分を勉強してごらんになれば，考

え方は極めて簡単だということがおわかりになるはずです．

ニュートンとライプニッツの論争

歴史的にいうと微分積分を発見したのは，ニュートンとライプニッツ（1646-1716）だといわれています．二人とも17世紀の中ごろに生まれて，18世紀の初めごろに亡くなった人です．微分積分学はこの時代につくられたのです．有名な話ですが，この二人が，微分積分学をどっちが先に発見したかということで，大喧嘩をしました．泥試合のような，たいへんみっともない喧嘩になった．これは数学の歴史の中でたいへん有名な事件ですが，ただ，時間的にはニュートンのほうが先に発見したことは疑う余地がありません．

ライプニッツはニュートンよりも年が若くて，数学を勉強したのもだいぶ遅れていた．おそらく十何年かあとにライプニッツも独立に発見したのですが，ニュートンの側では，ライプニッツはニュートンの発見を盗んだ，剽窃だ，と文句をつけた．ライプニッツが腹を立てて反論をした．ところが，そういう争いが起こったのはだいぶあとになってからです．最初のうちは，この二人は仲がよくて，手紙のやり取りもしていた．ニュートンは最初のうちは，おれときみだけが微分積分を発見したということを，手紙のなかで書いています．それなのにあとになって，ライプニッ

ツが盗んだということをいうのはおかしいのです.

　なぜこんなことになったかというと,私の解釈だと,二人は微分積分学を発見したことなどたいしたことと思っていなかったにちがいない.あたり前のことだと思ったにちがいない.だからおれが発見したとか,お前が発見したなどと別にやかましくいう必要はない,たいしたことではないのだと考えていて,そのためにニュートンなどはあとでたいへん不利な証拠を残しているのです.「ライプニッツも発見した」という証拠を残しています.もし初めから微分積分の発見者はおれだというつもりだったら,そんなことはしなかったはずです.それに,もっと早く公表していたと思う.ニュートンは発見しながら,長い間発表しなかったから,そういう争いが起こった.発表しておけば問題がなかった.ところが,少なくともニュートンはたいした発見ではないと思っていたにちがいない.それくらい微分積分は考えとしては平凡なことであり簡単なことなのです.

　ところが,あとになって,しだいにこの学問が発展してくると,これはたいへんな理論だということにニュートンもライプニッツも気がついたのではないか.そこで惜しくなって,おれが発見したのだといいたくなったのではないかと思われる.そのために話がこじれてきたようです.

微分・積分の効用

　ある意味では，微分積分ぐらい簡単な考え方はないのです．しかも，このくらい威力のある考え方もない．おそらく数学の中でこのくらい役に立つ考え方はないのではないか．微分積分学がなかったとしたら，現在の数学は三分の一ぐらいまでしか発達してなかったのではないかと思われる．このくらい簡単であって，このくらい強力な考え方は他にはないでしょう．

　これは微分積分をちょっとでも勉強された方はなるほどと考えられると思いますが，微分積分学がなかったら，現在の天文学でも物理学でもほとんどなりたたなかったのではないか．これを使わないと自然の研究でほとんど何もできないくらいだろうと思われます．しかも，もとの考え方は簡単である．というのは，いまいったデカルトの四つの法則のうちの，第二と第三をみごとに適用したにすぎないと，考えることもできるのです．

　簡単にいうと，微分積分は，われわれのいろいろな現象を見るさいの精巧なカメラのようなものだと考えていいと思います．いまいったように，曲がっているものでも，微分というめがねでのぞくと直線に近くなる．直線になれば研究することが極めて簡単である．微分では，顕微鏡を使ってたいへん細かいところを見る．そして，もう一回，積分でつなぎ合わせておいて曲がったものを理解してゆく．分けてつなぎ合わせる．これだけのことでこんなにいろい

ろなことがわかる．これがなかったら，太陽のまわりを多くの惑星が回っている，それがどんな回り方をするかという太陽系の運動の研究はできなかった．これがなかったら，太陽系の運動法則を見つけだすことには歯が立たなかったと思います．

このようにニュートンは，当時のいちばん大きな問題であったところの太陽系の運動を解明するために，その手段として微分積分学を考えだした．さっきいいましたけれども，ニュートンは，ガリレオと，ケプラーのやったことをみごとに結びつけて，ニュートン力学をつくった，とこういうふうにいいました．惑星は具体的にどういう動き方をしているかということは，ケプラーがすでにニュートンの生まれる前に，今日ケプラーの三法則といわれるものをうち立てていたのです．

ケプラーの3法則

ケプラーは，自分は観測しなかったけれども，先生のチコ・ブラーエ（1546-1601）が天文学者で観測の名人であった．この人のぼう大な観測データから三つの法則を引き出した．当時は望遠鏡などなくて，肉眼で空を見ていたようです．特にケプラーは眼が悪かったそうだから，あんまり星はのぞかなかった．要するに前の人のデータから3法則といわれるものを導いた．

惑星といってもたくさんあるのですが，火星の運動法則からはじめた．火星は地球の一つ外の惑星ですが，第1法則というのは何かというと，「火星は太陽のまわりを楕円の軌道を描いて回る」というのです．楕円には焦点が二つありますが，その一つの焦点に太陽が位置し，惑星は太陽を焦点とする楕円を描いて回る．これが第1法則です．

　しかし，これだけでは，軌道はわかったけれども，その軌道の各点ではどんな速度で動いているかわからない．そこで第2法則が出てくる．

　仮に図2のように回るとすれば太陽と火星を結ぶ線が，ちょうど自動車のワイパーが雨の水滴を掃いてゆくみたいに動いていくのです．この掃いた面積は一定時間には同じである．これが「面積速度一定の法則」といわれている．図のように面積は一定ですから，遠いところはスピードが落ちる．近いところは速い．こういう法則を見つけだした．これを見つけるにはたいへんな苦労をしたのです．2,

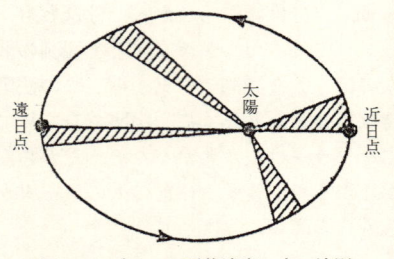

図2　ケプラーの面積速度一定の法則

3行で書ける法則ですけれども，それを発見するためにはたいへん苦労をした．楕円になっているということも初めからわかりはしない．ケプラー以前はみんな円と思っていた．ところが，よく見たら，どうも少しへしゃげているということに気がついた．円に近くてへしゃげているのは何かというと楕円であろうということで，ヤマをかけてやってみたらうまく合った．ヤマをかけるということは科学の研究では常にやっていることです．ヤマはたいていはずれるけれども，たまには当たることがある．当たったのだけ他人に発表するから，はじめからうまくいったようですけれども，科学の研究では，何十，何百というヤマをかけて，その一つが当たる．ケプラーは，そういう苦労を重ねて，たくさんのデータから，長い間かかってそういう法則を発見した．これが第2法則です．

　第3法則は10年ぐらい遅れてから発見された．これは惑星の軌道の大きさと，ひと回りする時間との関係です．具体的にいうと，「楕円軌道の長いほうの軸の3乗とひと回りする周期の2乗が比例する」という法則です．これは地球をまわる人工衛星にもあてはまります．

　この第1法則と第2法則があれば，少なくとも一つの惑星に対する運動はちゃんと決まってしまうのです．これを瞬間の運動法則に翻訳してみる．いわゆる微分をしてみるとどうなるでしょうか．ケプラーの法則は，ひと回りしているのを見ないと法則がわからないのです．長い間火星を見ていないとわからない．そうではなくて，非常に短い時

間，瞬間的にどんな運動をするかというのを表わしてみる．これは微分を使えばわかる．それがそのままニュートンの万有引力の法則と同じになる．つまり太陽と火星はお互いに引力で引き合っている．その力の強さは距離の2乗に反比例するという法則です．

　ニュートンの万有引力の法則は，ケプラーの法則と本質的には同じなのです．ただ，表わし方が違う．ケプラーの法則は，一定の時間，惑星が回る時間全体を見ていないとわからない．ニュートンの法則は瞬間の法則である．そこがたいへん違う．

微分法則・積分法則とニュートン力学

　ニュートンの法則を微分法則と呼びます．無限に小さい時間において現われるような法則，空間的には無限に小さい範囲の空間を見ていればわかる法則です．ニュートンの法則というのは力についての法則で，力と加速度は比例するのです．加速度というのは，無限に小さな時間と無限に小さな距離の間を見ていれば，ちゃんと計算ができるわけです．そういうニュートンの法則を微分法則といい，ケプラーの法則を積分法則というわけです．ニュートンはケプラーの積分法則を微分法則に書き替えたことになります．そうしておいて，もう一回それを積分法則に直したら，元のケプラーの法則と完全に一致したのです．

　つまり積分法則というものをデカルトの第2の法則で細

かく分けてみた．そうしたらニュートンの万有引力の法則になった．それをつなぎ合わせたら元のケプラーの法則になった．簡単にいえば，そういうことです．

　積分法則と微分法則は本質的には同じです．一方から一方へ移ることができ，ただ，表わし方が違うだけである．けれども，どちらが扱いやすいかというと微分法則のほうがずっと扱いやすい．法則が極めて簡単である．火星だけなら第1法則と第2法則ででてきますが，これが他の惑星，たとえば土星とか木星とか，全部にあてはまるということをいうには，どうしても第3法則が必要になってくる．いろんな大きさの違う惑星にも全部あてはまるということをいうためには第3法則が必要になる．

　ケプラーという人は，この人くらい科学者の中で苦労した人はいないと思われます．当時，ドイツという国は，戦国時代みたいにたいへん乱れた国であった．『魔女狩り』という本が岩波新書ででてよく読まれているそうですが，ケプラーのお母さんも魔女裁判にひっかかってひどい目に遭った．それを助けるためにケプラーは非常に苦労した．このくらい貧乏して苦労した人はないくらいですが，この人が一生かかってつくり上げたのが三つの法則なのです．その法則は1頁ぐらいの中に書かれてしまうが，科学の歴史の中では第一級に重要な発見であったのです．

　このようにしてニュートンが太陽系の太陽と惑星の間の運動法則を，文句のいえないくらい完全な法則として打ち立てました．このニュートンの法則があると，科学は過去

から現在までのことを説明するだけではなくて，未来も予言できるようになった．つまり，このつぎの日食は何年後の何月何日の何時何分に始まって，何秒間，何分間つづくといったことまでわかるようになった．おそらく科学が未来を予言する能力を持っていることが，このくらい鮮やかに実証できたことはほかにないかも知れません．これがやはりニュートン力学の持つ大きな威力です．だからニュートンの力学が出る前と後とでは科学そのものがたいへん変わった．おそらくニュートンの時代の人はびっくりしたにちがいない．こんなに未来が予言できると，何でもかんでもできるのではないかという，少し行き過ぎた考えが当然でてくる．実は太陽系の運動というのはある意味では法則としては極めて簡単で単純であります．だから未来が予言できた．

　しかし，一般の現象はそんなに単純ではない．だからそんなに鮮やかに予言できるとは限りません．たとえば，紙片を落としたらどういう落ち方をするか，ということは手に負えないほど複雑です．しかし，このニュートン力学で使われた数学は微分積分，特に微分方程式といわれているものです．微分方程式という道具を使ってそういうことができたのです．だから世の中のことはすべて微分方程式でやると未来のことはみんなわかるのではあるまいかというような，少し行き過ぎた，数学万能みたいな考え方が当然でてきました．そのくらいニュートン力学というものは当時の人びとにとって衝撃だったと思われます．

天体の運動は簡単だからこういうことができた．ほかはそうはいかないが，天体の運動くらい簡単なものについては微分積分学はたいへん威力があることはわかった．

　デカルトに始まった近代の数学というのは，これをニュートン，ライプニッツが発展させて微分積分学をつくったのですが，これがだいたい近代の数学というものの中心となりました．これはさっきいったように，いろいろな現象を見る精巧なカメラみたいな役割をしている．ガラスでできためがねではないが，微分積分という目に見えないめがねを掛けて世界を見るとたいへん精密によく見える．ばあいによっては未来を予言することさえできるということになって，中世までの近代以前の数学と比べると，数学の威力が格段に大きくなった．そういうことがいえるでしょう．

ニュートン力学と相対性理論

　もちろん，ニュートン力学は万能ではない．それはニュートンの当時からそういう批判があったのです．たとえば太陽と地球が……地球ばかりではなくて，いろんな惑星が引き合っている．引き合っているといっても，太陽から出ている引力のような力が瞬間的に惑星まで届くということはおかしい，途中何もないところを瞬間的に届くということはおかしいではないか，という批判があった．これはニュートンの競争相手であったライプニッツが，すでにそう

いう批判をしております．これを遠隔作用といいますが，途中何もないところを力が瞬間に伝わるということをニュートンは仮定しているのですが，これはどう考えてもおかしい．途中に何かなければ力は伝わるはずはないではないか．たとえば真空の中では音が伝わらないのと同じように，力が伝わるのに途中何かがなければおかしいではないか，という批判はニュートンの時代からありました．しかも，それが瞬間に伝わる．音が伝わるのでもちゃんと時間がかかる．光だって瞬間には伝わらない．速いけれども，やはり有限の速度で伝わる．ところが，ニュートンの引力は無限大の速度で伝わる．これはなんとも奇妙ではないか，という批判はあった．

たしかにこれは太陽と地球ぐらいの距離，あるいは地球と月ぐらいの距離……，ぐらいといっては悪いけれども，宇宙全体からいうとたいへん近い．

現在でも，アポロは地球から月までも 2, 3 日かかっています．相当遠いのですが，まあこの辺ならよかろうが，われわれの地球と，天の川のような遠いところまで引力が瞬間に伝わるということはどう考えても不思議です．こういうようなニュートン力学の持っている欠点を補うためにでてきたのが，アインシュタイン（1879-1955）の相対性理論です．

これによると，重力というのも決して瞬間には伝わらないで，光の速度と同じ有限の速さで伝わるという結論が出てきます．これだとたいへん自然です．去年［1975 年］だ

ったか新聞にでましたが、引力、つまり重力が波の形で伝わるというようなことが実験的に証明されたという記事が載っておりました．これが本当かどうか，確定しているかどうか，私も知りませんが，いかにもそのほうが本当らしい．無限大の速さで伝わるというのはどう考えてもおかしい．これがニュートン力学の持っている欠点でしたが，しかし，太陽と地球，あるいは地球と月ぐらいの距離だったら，光の速度で伝わるぐらいだったら，瞬間と考えてもいいわけです．地球と月はたしか30万キロというから，光だと1秒間に伝わる．光は電波と同じものですから，あんまり間があくと人工衛星と電話で話したりなんかできないわけです．こっちから話したのが相当たってから向こうに伝わる．10秒ぐらいたつとすれば，10秒後にしか聞こえないわけですが，アポロを見ていると瞬間に伝わっているようです．相当に速い．ですから，そういった欠点というものがあとでは修正されたのですが，ニュートンの時代にはほとんど絶対の真理と思われていた．そういう理論をつくりあげる道具になったのが，さっきいった微分積分学なのです．

その他，ニュートン力学は，いろいろな地上の運動，こういったものにも全部使われる．それから最近では，もちろん人工衛星を打ち上げるというときに，どんな軌道を描くかということを計算するのも全部ニュートン力学によって計算されている．あまり大きな距離ではないから力が瞬間に伝わるとしてもほぼ間違いない．ある意味では，ニュ

ートンの重力の法則を使って何かをつくったというのは人工衛星が初めてではないかと思われる．ニュートンは人間がつくったものではなくて，大昔からある太陽とか惑星の運動を調べるのに使ったのですが，人工衛星は，今までなかったのを，この法則を利用して打ち上げているわけです．これを利用して新しいものをつくったというのは初めてかもしれない．ただ，ニュートン力学は今日では絶対的な真理とはいえないが，ほぼそういうものに近いくらい精密なものである．人工衛星を飛ばすのに相対性理論を使う必要はないのです．ニュートン力学で十分まにあう．

関数とはなにか

　ここで，近代の数学が生み出したもっとも重要な概念について述べておきます．それは「関数」という考えです．
　関数というコトバは日本では日用語ではなく，数学だけでしか使わないコトバですが，ヨーロッパでは function という日用語です．function を字引で引いてみますと，まっ先に「機能」という訳語がでてきます．これなら日本でも日用語です．「胃は消化の機能をもっている」といえば誰にも通用します．ところがそれをわざわざ「関数」などという特別なコトバを作ったので，よけいに難解な感じを与えているようです．
　機能とは簡単にいうと働きです．ライプニッツが初めてファンクションという言葉を使った．ライプニッツはドイ

ツ人ですが，ドイツ語は当時はいなかの言葉みたいで，フランスが文化の中心であったから，フランス語で書いてありますので，フォンクション（fonction）です．もとは日本では「函数」，あとになって「関数」と改めたのです．

なぜこんな函の数という妙な言葉を使ったか，これは中国からきた字です．中国人は各国語を音まで似せて訳すことがうまい．フォンクションは中国語で函数を中国読みしますと非常に似ているのだそうです．しかも意味も非常に似ている．これは「含む」という意味だそうです．函の中だから何か含んでいる．函という字でもないという説もありますが，要するに中国人にはわかるかもしらぬが，日本人にはわからないものを使ったということが，函数をわからなくした原因の一つです．これだけでは何のことやらわからない．

ところがこれが当用漢字の関係でなくなったので，音を同じにするために関数に変えたのです．最近では「函」の代りに「関」の字を使っている．要するに機能です．そうやるとたいへんよくわかる．機能というのは働きで，これは一番よくわかる簡単なコトバです．これを頭の中にあるというよりは現実にあるもので説明するとたいへんわかりやすい．

たとえば，いちばん簡単なのは駅にある切符の自動販売機です．

図3　　　　　　　図4　　　　　　　図5

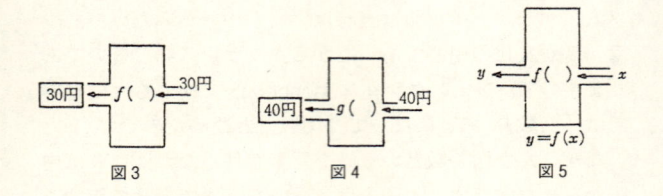

　これを概念的に図を書いてみると,図3のようになる.お金が入ってきて切符が出てくる.たとえばいま国鉄では30円の切符がいちばん安い.30円入れると30円の切符が出てくる.こういう簡単な自動販売機があります.これはもう,一つの関数になります.この装置をファンクションの頭文字をとってfとします.fという装置は30円を30円の切符にかえる働きを持っている.その働きを物体化したものが自動販売機だ.これを思い浮かべられると一番わかりいい.だから駅に行かれて自動販売機を見たら,ああここに関数があるとお考えになればいい.そうすると,関数には日常お目にかかっていることになります.切符をお買いになるとき,ああこれは関数だな,そして40円券を売る機械はまた別の関数,別の機能を持っているのです.これはfと書くと混同するからgとでも書く(図4参照).あるいは50円の券のでるのはまた別のhで表わせばよい.だからいろいろな種類の関数が駅には並んでいるのだとお考えになっていい.

　このときに,これはよくエンジニアが使う言葉ですが,入ってくるものを入力という.英語ではinput(インプッ

ト),中へ入れるからです.出てくるものを出力 output(アウトプット)といいます.外に出すからです.この装置はある意味では,一定の機能をばか正直に果たすところのロボットだとお考えになっていい.それを f で表わすと,$y=f(x)$ と書いておけばいい.これが自動販売機みたいな装置である(図5参照).ここへ x が入ってきて,こういう管を通して y がでてくる.私はそういうふうに説明します.x は入力,y は出力.いま自動販売機はたくさんありますから,子どもに説明するのはたいへん都合がいい.昔はこういうものはなかった.駅で切符を買うときは出札掛を,一つの装置とは考えにくかったのです.今のは一定のロボットです.非常にばか正直である.ばか正直であることが非常にだいじです.たとえば気をきかしたりは決してしないのです.あの人は汽車に間に合わないのに 10 円銅貨を持っていない.1000 円札しか持っていないから,少しまけてあげようとかなんとかはしない.昔だったら田舎の駅ではそういうことをやってくれましたが,自動販売機はそういうことはしない.しかし 30 円入れればどんな人でも切符は出してくれる.必ずばか正直に入力から出力を出してくれる装置だとお考えになると,それを f であらわす.つまりいままでは関数がわからないのは f がわからなかったのです.f とは何なのか,これを装置のようなものだと考えるとたいへんわかりやすくなる.実際にこういう教え方をしますと,小学生でも中学生でもよくわかります.

ブラック・ボックス

　こういうものが数学の中の非常にだいじな概念になってくる．これがいろいろなところにたくさん使われます．この装置はもちろん物体でできているものばかりではなくて，もっと抽象的な，たとえば一つの会社もやはり一種の関数だと考えることはできるでしょう．生産会社だって中はよくわからないが，とにかく外から見ていると，銀行から資金が入ってくるし，それからいろいろな原料がたくさん入ってくる．つまり入力の口がいっぱいある．また出力の口からいろいろなものが出てきます（図6参照）．こういう非常に複雑な装置だと考えてよろしい．実際にそういうふうに考えていろいろなことをやります．だからといってこんな箱があるわけではない．しかしいろいろな人間がこの中にいたりして，一定の結果を出せるのです．こういうものをエンジニアはブラック・ボックスと呼んでいる．

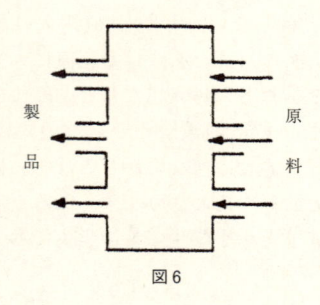

図6

「黒い箱」です．これは箱ですが，なぜブラックというかというと，中のからくりはほかの人は知らないでもいい．知っていてもいいですけれど，結果だけ知っていてくれればいい．自動販売機はまさにそのブラック・ボックスです．それはお金がどういうふうに入って切符が出てくるか——駅の人は知っていないと故障が起こったときに困りますが，お客さんはわからないでもいい．わかっていてもいいけれども，わからないでもいいという意味でブラック・ボックスという．そのブラック・ボックスを f で表わしたのです．

　自動販売機の中でもずいぶん複雑なものが最近はあります．おつりの出るのがある．あれは100円入れて50円の切符を買えるというのは，100円入れる口とそれから50円のボタンを押す．これも一つの入力，力を入れるわけです．出てくるのは切符とおつりが一緒に出てくる．切符とおつりが別の口から出てくると，これは出る口も二つあるというふうに考えてもよろしいでしょう．だから入力の口が二つあって，出力が二つあるというふうに考えてもいい．切符とおつりが一緒に出てくるときは，おそらく中では，二つだったのが，一緒に合わさるようになっているのだろうと思うのです．しかしさっきいったように，非常に抽象的な生産会社みたいなのもそうです．

　おそらく銀行もブラック・ボックスだと思うのです．預金が入ってきたり，日銀からいろいろなものが入ってきたりするでしょう．それからお客さんに貸したり利子が出た

り入ったりする．口がいっぱいあるブラック・ボックスだと考えられます．ブラックだというのは，よその人にはちょっと中のからくりがわからないからで，中の人はわかる．そういうふうに考えて，数学のレールの上に乗せていろいろなことを考えるのです．そうすると，人間のつくっている非常に抽象的な組織といったようなものもブラック・ボックスと考えていい．ただし，入口も出口もたくさんある．

　そういうふうに考えますと，関数というのはわりあい簡単です．関数というのは働きですが，働きを単なる働きとしてつかまえるのはたいへんむずかしい．働きというものはふつう目には見えません．言葉でいうと「もの」は名詞であらわされ，動詞が「働き」をあらわしているのです．動詞はやはり名詞よりも理解がむずかしい．これがミカンだ，紙だというふうに見せるわけにはいかない．たとえばこれが「走る」という動詞だとはいえない．走ってみせたり何かたくさんいろいろなことをしないと，「走る」という動詞はわからない．働きというのは目に見えにくいから，関数がわかりにくかった．いままで関数が非常にわかりにくかった原因はそこにある．その目に見えないものを目に見えるように工夫して教えることをあまりしなかった．たとえばいまの自動販売機のような例から説明するとたいへんわかりやすい．

　ぼくはそういう一つの例として，透明人間というものを考えるといいと思うのです．『透明人間』というH.G.ウ

ェルズの小説がありまして，映画にもなったかと思いますが，人間がいて何か薬を飲むと，からだが透明になって姿が見えなくなる．その透明人間が部屋へ入ってくると，ドアが何とはなしにあいて，人は見えない．そして何か受話器だけが持ち上がる，そういうのがあったと思います．働きは見えるけれども，その働きを誰が引き起こしているかという本体は見えない．そういうドアがあいて受話器が持ち上がるということは誰が見てもわかる．ところが関数という見方をすることは，じつは目には見えないけれども，透明人間が部屋へ入ってきて受話器を持ち上げたのだというふうな理解をすることです．そうすればよくわかるのです．じつは受話器が持ち上がっていたら，その近所にああ透明人間が坐ってやっているのだなあということを想像することができれば，理解が非常に深まるのです．

　関数というのはそういうものであって，見えない，働きの背後にあるものを何か想像する力が出てくれば関数はわかる．そういっていいと思うのです．それを今までなかなか教えてくれなかった．ブラック・ボックスがわかりやすいのは，装置が目に見えるからです．こういう目に見えるものから説明して，だんだん目に見えないものを想像できるようにしてやればいいのです．そういう見方でものごとを見るという見方が関数の考えです．

　だから関数なるものは，ライプニッツ以前にもいくらでもあったのです．ただライプニッツがそういう考えを出してから，人々がそういう角度でものごとを見るようになっ

た．これは大きな違いです．ものごとが変わったわけではないですけれども，見方が変わってきた．つまりいままでは，この f というのは見えなかったのだけれども，これがちょうど透明人間みたいなもので，たとえば $y=x^2$，こう書いてあるだけでは単なる等式です．そう見たっていいのですが，これを2乗するという働きの中へ x が入って，y が出てきたのだという見方をする．そういう見方でこの式を見るということが関数的な見方なのです．$y=(\ )^2$，つまり何かを2乗する働きというものを特に取りだして考える，そういう見方がライプニッツによって初めて出されたのです．

だから大昔からそういう目で見れば関数はいくらでもあったわけですけれども，そういう見方をするということが新しい．数学というのはそういう点では，絵とか文学とそう変わらないものです．つまり新しい見方を教えてくれる．

たとえば芭蕉の「閑かさや岩にしみ入る蟬の声」という俳句がつくられる前にも，岩にセミがとまって鳴いているという風景はどこでも起こっていたと思うのです．あの俳句をつくる前は，ただ単なる岩にセミが鳴いていただけだ．ところがああいう俳句を芭蕉がつくってからは，人々があれはしずかさをあらわしているという見方で見るようになってきた．同じように関数という一種のめがねをかけて世の中のいろいろな現象を見るようになってきた．新しいめがねをつくってくれた．あるいは絵でいえば，ゴッホ

がひまわりをかいた．ひまわりなどごくありふれた花で，大昔からあったのだが，あの絵を見てから，ひまわりを見る一つの角度が人間に与えられた．それと同じようなことだろうと思います．

大昔からあったけれども，関数というめがねでいろいろな現象を見ることを，ライプニッツが初めて教えてくれた．そのめがねを一度手にすれば，そのめがねで見ることによって，いろいろな現象が非常に深いところまで見える．そういうものなのです．

だから関数というのは考えようによっては非常に広い概念である．一つの会社あるいは学校──学校だってある意味では，そういうブラック・ボックスだと考えていいと思うのです．生徒が入ってきて中でいろいろな加工をやって卒業していく．そういう意味でインプットからアウトプットに当たるものがちゃんとあります．人間のからだだってある意味ではそういうものだ．ただ非常に複雑です．要するに機械というのはだいたいにおいてブラック・ボックスである．原料が入ってきて加工されて出ていく．そういう目で見ると，至るところに関数がある．そういうふうに考えれば，関数というのは案外やさしいものである．

おそらく，皆さんの子どもさんが，たぶん中学か高等学校にいくと必ずわからなくなって，「おとうさん，この関数というのは何だ」ときかれるでしょうから，そのときにもいまのような説明をしていただくとわかるのではないかと思います．

因果の法則

ではなぜ17世紀になって、この「関数」という概念がでてきて、それが近代の数学の主要な概念にのし上がったかを考えてみなければなりません。

17世紀は「科学革命」の時代といわれるほど自然科学が飛躍的に発展した時代でした。そのピークをなすものは、いうまでもなくニュートン力学でした。その時代に重力の法則をはじめとして、自然のかくれた法則がつぎつぎと発見されていったのです。

ところで自然の法則は多くのばあい、原因と結果のあいだの結びつき方をいい表わしたものです。それは、これこれの原因があれば、これこれの結果が生まれるという形、つまり因果法則の形をとります。

その一例としてガリレオの発見した落体の法則があります。それは地上で物体を落としたとき、その落下の時間（t 秒）から落下した距離（S cm）を求める法則です。式にかくと、つぎのようになります。

$$S = \frac{1}{2}gt^2$$

ここで g は約 980 cm/sec² です。

落下の時間を原因、距離を結果とみれば、これは原因から結果を導き出す法則だといえます。

結果 ⟵ 原因

$$S = \frac{1}{2}g(t)^2$$

ここで原因から具体的に結果を導き出すなかだちになっているのは

$$f = \frac{1}{2}g(\ )^2$$

という関数なのです.

ところで原因の時間も広い意味の量であり，距離もやはり広い意味の量ですが，この $f=\frac{1}{2}g(\ )^2$ という関数は量的に表わされた原因から量的に表わされた結果を導き出すブラック・ボックスのようなものです.

結果 = f(原因)

これは一例にすぎませんが，自然科学における法則は以上のような諸々の量のあいだの因果関係によって表わされるものが多く，それが数学的には関数という形をとることがきわめて多いのです. つまり関数は量的因果法則を表現するための言葉だといってよいでしょう.

このようにして，関数は 17 世紀の科学革命において重要な役割を果たしたのです. いうまでもなく，それ以後も数学の重要な柱の一つとなりました.

このことは数学が，数学の中だけで発展するものではないことをよく物語っています.

数学は一般的な科学全体の有機的な構成部分であり，も

っと広くいうと人類の認識活動の一部分であり，それから切り離されたものではありません．他の科学，たとえば物理学や天文学などのような隣合った分野との交互の影響のもとにはじめて健全な発展を遂げ得るのです．そのよい例が関数です．関数はまさに17世紀の科学革命の要求によって生まれてきたものだといえます．

このことを裏側から見ることもできます．和算，つまり日本の数学は江戸時代に急速に発展して，当時のヨーロッパにくらべても決して劣らないような数々の成果を生みだしました．

しかし，そこでは関数の概念はついに生まれなかったといわれております．それは数学以外の物理学や天文学が発達していなかったために，そこから刺激を受けることができなかったためでしょう．その時代には数学だけが孤立しながら発展していたのです．そのために，しぜん数学の内部だけに閉じこもらざるを得なくなったのです．つまり数学は学問的自閉症にかかっていたのです．そのことが関数の概念を生み出さなかった本当の原因であろうと思われます．

この関数の研究に分析・総合の方法を徹底的におしすすめたのが微分積分学であったといえます．もちろん分析が微分，総合が積分にあたります．

もちろん，関数は量的因果法則の表現手段という17世紀的な意味から出発しつつも，その後，しだいに意味の拡張が行なわれ，現代では対応，写像，変換という，より広

い意味をもつようになっています．しかし，出発点となった17世紀的な意味は今日でも依然として重要です．

こういう数学の考え方が，だいたい19世紀の後半ぐらいまで数学の主流でした．もちろん，ニュートン力学の性格は精密性にある．これは原因と法則を精密に知ることができたら，結果は同じだけ精密に予言できる，といったような信念で貫かれている．だからニュートン力学はまさにそれの模範的な例であります．

統計的法則の背景

ところが，近代の数学というのは，この精密化ばかりめざしていたわけではなくて，ある意味では「半精密的」という学問を一方ではつくりだした．これは今日でいう確率論です．確率というものは，みなさんがよくご存じだと思いますが，最近ではよく新聞などにも使われている．これは必ずしも精密とはいえない．物事を大づかみにつかんで，原因もあんまり精密にはわからない．大づかみにしかわからない．したがって結果のほうも大づかみにしかわからない．そういったような現象を研究するのに使われる．

こういう学問が生まれてきたのは，これはやはり近代にはいってからであります．ある意味では，この確率論という学問は資本主義と一緒に生まれてきたといってもいいのではないかと思います．

なぜかというと，この確率論を生みだす原因になったの

は賭博，ギャンブルであります．ギャンブルというのは元来，お金，貨幣がだぶついていないと発達しないだろうと思います．発達といっては悪いけれども，昔のように農業が主で，財産といえば土地や田畑だけであるといったのでは，賭けはできないわけです．田畑を賭けるなんていうことはちょっとできない．やっぱり簡単にやったり取ったりできるお金でないと賭けられない．商業が発達し，かなり資本主義が発達して金がだぶついてこないと，ギャンブルは盛んにならないと思うのです．もちろんギャンブルというのは人間の本性みたいなもので，大昔からあったことはあったようです．人間は退屈すると必ずギャンブルをやったということが歴史の中にあって，なかなかギャンブルというのはなくすことができないようですけれども，この確率論というのはギャンブルをうまくやるためにでてきた．だいたい 16 世紀ぐらいにイタリアで起こった．イタリアは，ご存じのように資本主義がいちばん早く発展したところです．ここで盛んにギャンブルがやられるようになった．

　ギャンブルをいかにうまくやるかということで，この確率論の最初の理論をつくった人がカルダノ（1501-1576）という人です．これは 16 世紀のたいへん有名な学者であります．さっきお話しした 3 次方程式の解法にも関係がある．3 次方程式の根の公式はカルダノの公式といわれているわけで，たいへん多才な学者である．しかし，何で暮らしていたかというと一時はギャンブルで暮らしていた．ギ

ャンブルも好きで，たいへんうまかったらしい．そこで彼はギャンブルの理論をつくった．これが今日の確率論の開祖です．

つぎには，もう少しあとになってフランスで，みなさんもご存じのパスカル（1623-1662），フェルマ（1601-1665），こういう人たちが，自分ではやらなかったようですが，友だちにギャンブルの達人がいて，「こういうときにはどっちに賭けたら有利だろうか」という問題を出して，それを考えているうちに確率という概念をつくりだした．パスカルのでたのは17世紀の初めごろですから，そうとうに金がだぶついてきた．これも資本主義がかなり発展してきたためです．

それから，もう一方では，人口がだんだんふえてきて，人口統計の必要が起こってきた．これも資本主義の発展に伴って人口がふえてきたからである．そういうところからやはり社会現象の集団的な観察が必要になってきた．昔はそんなことは要らなかったけれども，人口がふえて商売がたいへんに盛んになってきたりすると，どうしても集団的に考える必要が起こってくる．現在でも自動車がたいへんふえてきて，この交差点は信号機のゴー・ストップを何秒おきにしたらいいかということになると，自動車が1秒間にどのくらいの確率で通るだろうということを基礎にして計算せざるをえない．昔のように自動車なんかろくになかった時代は，ゴー・ストップがあったにしてもいいかげんでよかった．しかし，集団現象が起こってくるとどうして

もこれが要る．つまり社会現象が集団化してきたために確率論の必要が起こった．だいたい，この二つのことの刺激から確率論という学問がでてきたといえます．

統計的法則

　確率というのは完全に精密ではない．サイコロを振って一の目が必ず出るとはかぎらない．かぎらないけれども，何か未来を予測したいという要求が人間にはある．丁か半か，どっちかということはわからないけれども，どういうばあいにはどっちが有利かということはまず知りたい．そういう人間の要求からでてくる．あまりその要求が強すぎて八百長になったりするわけですが，本来，確実でないものを確実にしようとすると八百長をやらざるをえない．博奕もイカサマをやるということになるわけですが，それでは確率論はでてこないのです．不確かなまま，少しでも未来をある程度予測したいところからでてくる．

　そういう法則，つまり中途はんぱな精密さをもった法則が，集団現象の中にだんだんでてくる．一つポツン，ポツンとやるとわからないが，大勢の者が同じような条件の中で動くと，大づかみではあるけれども，全体の傾向みたいなものが出てくる．こういう法則を統計的法則といっています．統計的法則は精密ではなくて「半精密」とでもいうべきものでしょう．社会現象は，だいたい，そういう法則だと思うのです．大勢の人間がどんなふうに動くかという

ことを，ひとりひとり目をつけていたらわけがわからなくなる．全体としてどう動くか，大づかみに何か法則的なものを発見しようというわけです．

たとえていうと，夏の夕方，ヤブ蚊の群れが集団をなして動いています．一つ一つの蚊を追って見るとたいへんな速度ででたらめにあちこち動いていてわけがわからない．しかし，ヤブ蚊の蚊柱全体としては一定の方向に移動している．これは一種の統計的法則です．

人間をヤブ蚊にたとえては悪いけれども，社会現象もだいたいヤブ蚊の蚊柱のような，ものとして見るのです．だからどっかの広場で行なわれたきょうのデモはどれだけかということを，ひとりひとり数えてはいないと思うのです．やっぱり大づかみに，何万人集まったといっているわけですが，主催者の発表と警察の発表はたいてい違っている．たして2で割ると本当だという．ああいうのは一つの統計的なつかみ方である．こういうのが現在のように，非常に高度に集団的になった社会現象をつかむのには，たいへん有効な方法です．

これを半精密科学とでもいったらいいでしょう．これが近代の複雑な時代にでてきた．現在でも統計的方法，あるいは確率的方法は，数学の中のたいへん大きな部分を占めるようになったということはいえます．

数学は変貌する

4 現代の数学

現代数学の特徴

　以上で,古代,中世,近代の三つの時代の数学の,おのおのの特徴のようなものをお話ししたのですが,これからは現代の数学はどういうような特徴を持っているかということをお話ししてみたいと思います.

　「数学は変貌する」という題にしましたのは,変貌するというのは顔の形が変わる意味だと思います.人間が変わったわけではないけれども,顔の形がいろいろ変わっていく.本質そのものが変わっているとは必ずしもいえないかもしれないけれども,見かけが,顔つきがだいぶ変わってくる,特に現代の数学のばあいには,そういうことが相当はっきりいえるのではないかと思うのです.

　おそらくみなさんは,現代の数学というものはあまりご存じないかもしれない.近代の数学のいちばんの中心は微分積分学であったというふうにお考えになれば,数学というのはだいたいどういうものかということは,その性格はおおまかにつかめると思います.しかし,現代の数学とな

ると，いわゆる大学の数学科というところはいちおう除いて，それ以外のところでは，せいぜい近代までの数学しか講義されていないと思うのです．そういう意味で現代の数学というのは，みなさんにとってかなり新しい考えで，あるいはたいへん意外な考え方さえでてくると思うのです．むしろ今までの数学というものの概念を忘れてしまったほうがいいくらいです．現代の数学を理解するには，数学に対する既成の概念はいちおう棚上げしておいて，まったく新しいことを聞くつもりで聞いていただくと，かえってわかりやすいのではないかと思います．数学というのはそんなことをやるのかと，たぶん，意外な感じを持たれるかも知れません．

　現代の数学は，数学の歴史の中では最近のいちばん新しい発展です．主として20世紀になってはっきりでてきた．だからとてもむずかしいことをやっているのだ，とても素人にはわからないような話になるのではないかというふうにお考えになったら，それはちがう．むしろ現代の数学のほうが素人にわかりやすい面をたくさん持っているともいえます．近代の数学の中心である微分積分は，考え方は簡単でありますけれども計算の技術などは相当やっかいである．現代の数学ももちろん，そういう面がありますけれども，考えそのものはたいへん簡単であるといえるのではないかと思います．

幾何学が時代の区切りになった

　だいたい，歴史的に現代の数学が，それ以前の数学とたいへんはっきりと違ったものだという考え方をまず打ち出したのは，1899 年に発表された，D. ヒルベルト（1862-1943）という数学者の『幾何学の基礎』です．この中に現代の数学の特徴的な考え方がはっきりと打ち出されたということがいえると思います．

　前に数学の発展の歴史を大きく分けて，古代，中世，近代としたのですが，古代から中世へ移るきっかけになったのはユークリッドの『原論』でした．これも主として幾何学に関する本であります．それから，中世から近代の数学に移るきっかけになっているのがデカルトの『幾何学』であります．今度は，近代の数学から現代の数学へ移るのがヒルベルトの『幾何学の基礎』である．その歴史の区切りになっているのが，みな幾何学であることはたいへんおもしろい．

　どうしてかというと，幾何学というのは，数学とわれわれの住んでいる世界，あるいは客観的世界とのつながりを問題にせざるをえない学問であります．幾何学では，点とか直線は何であるか，それに対する見方をはっきり決めないとはじまらない．ほかの学問ももちろんそういう点がありますけれども，幾何学ほどそういう問題がはっきりでてくるものはない．そういう意味で，われわれの住んでいる世界，あるいは客観的な実在というものをどう見るかとい

うようなところでいろいろな考え方がでてくる．それが幾何学ではいちばんはっきりでてくる．これは私の考えですが，そういう意味で幾何学が歴史の区切りになっていると思います．

それまでのユークリッドのばあいには，だれも疑問の余地のないぐらい自明な事柄を公理としていくつか設定して，それを組み合わせることによって複雑な事実を導き出してくるといういき方であったのです．ところがヒルベルトの『幾何学の基礎』の最初の目標は，ユークリッド幾何学の正しい基礎づけをすることでした．ユークリッドの中にいくつかの公理がありますが，その公理はたいへん不完全なものである．不完全であり，しかも余計なものがある．あるいは足りないものがある．そこで余計なものは全部除き，必要なものは全部入れる．すなわちユークリッドの幾何学を展開していくための必要かつ十分な公理の体系を打ち立てようというのがいちおうの出発点であります．たとえばユークリッドの公理の中には，いわゆる論理的でない，いろんなおかしなものがたくさんはいり込んでくる．また証明の中には公理にないようなことを知らず知らず使ってしまっているところがたくさんある．そういうことをなくそう．それがいちおうの目標でありますけれども，ただそういう目標だけであったら，それはたいした価値のあることではないと思います．そんなものを作ったって，それほど大きな影響を数学全体の中へ与えるとは思えない．

無定義語

　まず，ユークリッドのばあいには，幾何学の出発点となるところの点とか直線とか平面とかいうものが「何であるか」ということが決めてあります．「点は部分を持たない」．部分を持たないというのは，大きさがあるといくらでもそれを分割すれば部分がでてくるから，つまり点は大きさがないということを意味する．「直線はまっすぐである」といったような定義がしてある．この定義というのは，幾何学の使っている点，直線，平面という概念と，実在とのつながりを説明したものでした．

　ところが，ヒルベルトにはそれがない．点，直線，平面の，いわゆる普通の意味の定義はないのです．こういうものをヒルベルトは「無定義語」と名づけた．点，直線，平面ということばは普通と同じように使っておりますが，その本を読むときそれはよっぽど気をつけなければならないけれども，ヒルベルトが頭の中に描いているのはそういうものではない．ただ慣習によってそういっているにすぎないということであります．こういう点が素人にはたいへんわかりにくい考えであります．何であるかをまず決めないで，議論をはじめるのはおかしいではないか．そこのところがわかると現代の数学というのは半分ぐらいわかったといってもよい．そこのところがいちばんむずかしい．

　なぜ無定義語から出発するかということです．これはおいおい説明をいたしますが，そういう点ではユークリッド

4 現代の数学

の『原論』とヒルベルトの『幾何学の基礎』は根本的に違っている．もちろんヒルベルトのこういう考え方が出し抜けに現われてきたわけではありません．こういう考え方をヒルベルトにさせるような，いろいろな歴史的な発展がある．

たとえば，ヒルベルトより百年ぐらい前に，幾何学の中に「双対の原理」というものがでてきました．

これはどういうものかというと，点と直線だけからできている幾何学があります．曲線はしばらく考えに入れない．そういう幾何学を「射影幾何学」といいます．つまり光線で映したときに直線は直線に映されるといったことです．点は点に映される．曲がった線はしばらく考えない．こういうような射影幾何学で，点と直線に関するある定理が成り立っている．そのときに，そこで点と直線といっているのを，「点」を「直線」で入れ替え，「直線」を「点」で入れ替える．そういう定理を述べた文章の中で，「点」のかわりに「直線」と入れ替えるわけです．それから「まじわる」ということばを「むすぶ」ということばで置き替える，「むすぶ」ということばを「まじわる」で置き替える．そうすると同じ定理が成り立つという，有名な双対の原理といわれているものがあります．

これまでわれわれが点というのは，普通，鉛筆の先でポンと紙の上にマークしたようなものを点といっていた．直線というのは定規で書いたような線をいっているが，この双対の原理を考えてみると，じつは「点」というものを「直

線」で置き替えてもいい，「直線」を「点」で置き替えてもいいということになって，そこへ出てくる「点」というのは，ばあいによっては普通の意味の，われわれのよく知っている点と考えてもいいし，あるいは直線と考えてもいいのです．また「直線」というのは普通の意味の直線，あるいは普通の意味の点と置き替えて考えてもいいことが起こる．これなどは一つのきっかけになっている．だから「点」といっているのは定義しないというよりは，つまり実在とのかかわり合いを決めておかないほうが都合がいい．融通無碍にしておいたほうがいい，つまり無定義語にしておいたほうが都合がいいのです．

　ヒルベルトという人は，おそらくここ百年ぐらいの間に生まれた数学者でいちばん偉い人の一人だと思いますが，この人は人を驚かすような逆説をいうことのたいへん好きな人でした．この『幾何学の基礎』という本を出したとき，無定義語の説明をするのに，「ぼくがここで点，直線，平面と言っていることは，机や椅子，ビールのコップというようなもので置き替えてもいい」というようなことをいったために，それを聞いた人がたいへんびっくりしたそうです．これは無定義語だということです．そんなことを別にその本でいっているわけではないけれども，物事を極端にいうことの好きな人だったからそういったのです．何であるかということを決めておかないほうがいい．では，何を決めてあるかというと，点と称するもの，直線と称するものの間にある相互関係をはっきり決めておく．これが公理

なのだということになるのです．これはヒルベルトの『幾何学の基礎』の基本的な考え方です．

こういう考え方がでてきたために，20世紀の数学の新しい考えがここに誕生したといっていいわけです．ずいぶん奇怪な考え方だと思われるかもしれません．しかし，よく考えてみますと，こういうことは今までもあったのです．代数の x と y とかいうのは，ある意味では何にでもなりうるもの，つまり無定義語のようなものである．x のとりうる値というのは，はじめは整数とか有理数とか実数とか決めてありますけれども，ばあいによっては，初め決めておかなかったようなものがでてくることはいくらでもある．2次方程式を解くとき，x は初めは実数だと思っていたら，今度は虚数というのがでてくる．はじめに考えていないようなものがここででてくる．たいへん融通無碍になっている．何だかわからない x と y の間の相互関係がここに規定されているだけである．

今までもこんな考えはあったのですが，これをたいへん徹底的に押し進めた．さっき数学は変貌するといいまして，新しい考え方はでてきても，よく考えると，新しいという考え方は大昔からすでにあるわけです．たいていのばあいはそうです．本当に新しいものというのはあまりない．古い考えをアクセントを変えて別の人がつくりだすといったことが多いのです．

ヒルベルトは，このようにして『幾何学の基礎』で無定義語の間の相互関係を規定したものを公理として展開して

いった．ここまで徹底した考え方は，ヒルベルト以前にはなかった．

このヒルベルトの考え方をもっと現代ふうにわかりやすいことばで述べたのが「構造」という考え方です．構造は英語では structure です．

ところで構造を理解するにはその前にどうしても集合についての知識が必要ですので，準備として集合についてお話ししておきたいと思います．

集合とはなにか

近ごろこの「集合」ということばがポピュラーになりました．そのわけは，今度の新しい小学校の教科書にこのことばが登場してきたからです．

この「集合」ということばは今のおとなの方々には耳なれないことばだと思います．「あす，午前8時に駅に集合せよ」というようなことは日常の会話で使いますが，そのときの「集合」は動詞として使われています．ところが，これからお話しする「集合」は名詞なのです．つまり「集まり」もしくは「集まったもの」なのです．そういう名詞的な用法は日常的にはあまり見あたらないようです．

だからといって特別むつかしいわけではありません．要するに日常的に「集まり」といわれている考え方から出発して，それを数学的に厳密にしたのが「集合」だといったらいいでしょう．

元来，数学といえども，私たちの日常的で常識的な世界からかけはなれているわけではなく，それと何らかのかかわりのあるものが多いのです．たとえば数学でいう「直線」は日常的に使われている「まっすぐな線」とまるで別な考えではありません．

　「このレールはまっすぐな線になっている」ということは日常的には誰にもわかる文ですが，レールが数学的な「直線」をなしているとはいえません．なぜなら数学的な「直線」は幅があってはいけないからです．

　つまり数学的な「直線」は日常的な「まっすぐな線」にもとづいていますが，それを洗練して，より厳密にしたものなのです．

　同じことが「集まり」と「集合」についてもいえます．「日比谷公園の人の集まり」は日常的もしくは常識的には立派に通用する言い方です．しかし数学的に「日比谷公園の人の集合」といういい方はちょっと困るのです．

　なぜでしょうか．そのために「集合」とは何であるか，まず第一の条件をあげてみましょう．

　それは「閉じている」ことです．

　ある部屋に何人かの人がいて，ドアは閉めたままであるとする．このとき「この部屋にいる人の集合」ということは数学的に意味があります．それはその部屋のなかにいる人はその集合の一員であるし，部屋の外にいる人はその集合の一員ではないことがはっきりしている．

　しかし「日比谷公園にいる人の集まり」は常識的には差

支えなくても, 数学的に「日比谷公園にいる人の集合」となると, これは問題です.

なぜなら, ある人がその集合の一員であるかどうかがはっきりしないことがあるからです. 入口のところを出たり入ったりする人が絶えずいたら, そういう人がその集合の一員かどうかはっきりしないからです. ちょうどドアを閉ざしたときの部屋のように, そのメンバーがはっきりしていて疑問の余地のないものであるとき, それは「閉じている」といいます. この「閉じている」ことが集合の第一条件です.

だから「背の高い日本人の集合」といっても, それは数学的には成り立たないでしょう. なぜなら, 背が高いかどうかには正確な基準がなく, したがって, そのメンバーがはっきりしないからです.

このように「集合」にはそのメンバーがありますが, そこで, ある集合 E に対して, そのメンバー a を E の「要素」といいます. あるいは「a は E に属する」ともいいます.

このことを
$$a \in E$$
で表わします.

逆に「a は E に属しない」ということをたて棒を引いて
$$a \notin E$$
で表わします.

だから, E が数学的な意味での集合であるかどうかは,

何か勝手なもの a をもってきたとき
$$a \in \mathrm{E}$$
となるか,それとも
$$a \notin \mathrm{E}$$
となるかではっきり判定がつくということです.

もう一つ,集合について言っておきたいことは,それが,必ずしも物体の集まりである必要はない,ということです.「この机の上にある本の集合」というときは,そのメンバー,すなわち要素は一つの物体ですが,たとえば,「一週間の曜日の集合」というとき,その要素は物体ではありません.その集合は日,月,火,水,木,金,土ですが,それが集合 W を形づくっていることを,つぎのようにカッコを使って表わします.
$$\mathrm{W} = \{日, 月, 火, 水, 木, 金, 土\}$$
つまり,その要素をすべて列挙して,それをカッコで包んでおくのです.
$$集合 = \{要素, 要素, \cdots, 要素\}$$
という書き方です.たとえば「5 より大きく,10 より小さな整数の集合 E」といえば
$$\mathrm{E} = \{6, 7, 8, 9\}$$
と書けます.

このように要素を列挙する代わりに,その要素の満たす条件を示して,そのような要素の全体という表わし方もあります.たとえば「国鉄の駅全体の集合」というのは数学的な集合としての資格がありますが,カッコの中で列挙す

るのはきわめて困難です．そのときは前のように「国鉄の駅全体の集合」といういい方で表わします．記号的にはその集合 A は
$$A = \{x | x \text{ は国鉄の駅である}\}$$
という表わし方をします．

この表わし方は日本語よりは英語の関係代名詞の用法によく似ています．つまり，二番目の x は which に相当するわけです．後のほうは x の条件を表わす文になっています．

含む・含まれる

つぎに二つの集合の含む・含まれるの関係を考える必要があります．たとえば「東海道新幹線こだまの停車する駅の集合」A はつぎのようになります．

A ＝ {東京, 新横浜, 小田原, 熱海, 三島, 静岡, 浜松, 豊橋, 名古屋, 岐阜羽島, 米原, 京都, 新大阪}

また「ひかりの停車する駅の集合」B は

B ＝ {東京, 名古屋, 京都, 新大阪}

です．ここで B の要素はすべて A にも含まれています（図7）．つまり B は A の一部なのです．このとき B は A の部分集合といいます．記号的には

$$A \supseteq B, \text{ もしくは } B \subseteq A$$

と書きます．下に ＝ が添えてあるのは等しいばあいにも通用するようにしたのです．この ⊆ という記号は数のば

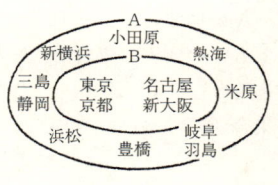

図7　A⊇B

あいの大小関係 ≦ によく似ています．

これに対して，二つの数を ＋，× などでつないで第三の数をつくり出すことによく似た手続きがあります．それは共通集合と合併集合です．たとえばある年の日曜日の集合をA，その年の祝祭日の集合をBとしたとき，いわゆる「日食」の日は，AとBとに属する日です．つまり「日食」の日の集合Cは，AとBとの共通部分にあたります．このことを

$$C = A \cap B$$

という記号で表わします．

換言すれば $c \in A$ であり，かつ $c \in B$ となるすべての c の集合が $C = A \cap B$ となるわけです（図8）．

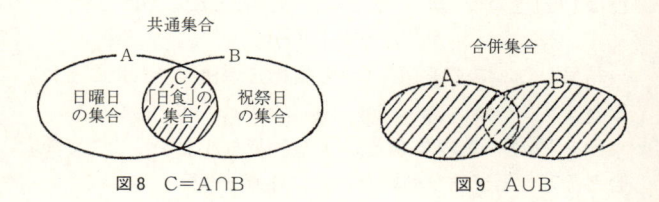

図8　C＝A∩B

図9　A∪B

これに対して，A に属するか，それとも B に属するか，その一方であってもいい要素の集合を，A と B の合併集合といい，A∪B で表わします（図9）．

　ここで二つの集合 A, B から他の集合 A∩B, A∪B がつくり出されるわけですが，これは二つの数 a, b から ab, $a+b$ がつくり出されるのによく似ています．

集合と形式論理学

　ここで一つの集合 E をその満たす条件によって定義するやり方，すなわち，
$$E = \{x | x は……である\}$$
というやり方にかえてみましょう．
$$「x は……である」$$
というのは x を主語とする一つの命題ですが，この命題を P(x) という形で表わしてみましょう．ここで「……である」が P(　) に当たります．つまりこれは主語 x と述語 P(　) をつないだものです．このように考えたときの P(x) を x を変項とする命題関数と呼ぶことがあります．だから E は P(x) を真ならしめる x 全体の集合となるわけです．
$$E = \{x | P(x)\}$$
　結局，ここで述語 P(　) から集合 E が決定されたことになります．

　E を P(x) の真理集合ということがあります．ここで集合と論理学とが結びついたことになります．

二つの命題 $P(x)$ と $Q(x)$ を同時に真ならしめる，つまり $P(x)$ かつ $Q(x)$ を真ならしめる集合が双方の真理集合の共通集合になります．「$P(x)$ かつ $Q(x)$」を，$P(x) \wedge Q(x)$ と書くと，つまり

$$\{x | P(x)\} = A$$
$$\{x | Q(x)\} = B$$

ならば

$$\{x | P(x) \wedge Q(x)\} = A \cap B \quad (図 10)$$

同じく「$P(x)$ または $Q(x)$」を $P(x) \vee Q(x)$ で表わすと，

$$\{x | P(x) \vee Q(x)\} = A \cup B \quad (図 11)$$

となり，また $P(x)$ の否定を $\overline{P}(x)$ で表わすと，その真理集合は，$P(x)$ の真理集合 A の補集合 $\overline{A}$ になります．

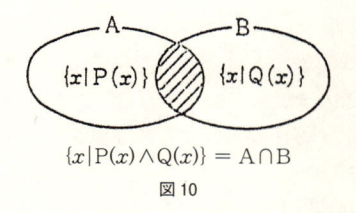

$$\{x | P(x) \wedge Q(x)\} = A \cap B$$

図 10

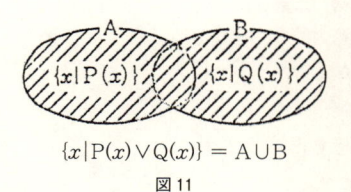

$$\{x | P(x) \vee Q(x)\} = A \cup B$$

図 11

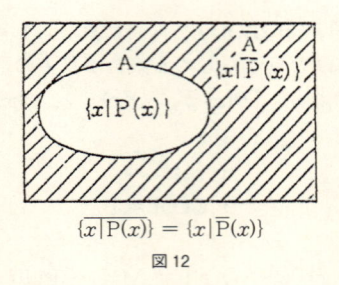

$$\{\overline{x|P(x)}\} = \{x|\overline{P}(x)\}$$
図12

$$\{x|\overline{P}(x)\} = \overline{A} \quad (図12)$$

このようにして，集合の世界の ∩, ∪, ‾ が命題の世界の ∧, ∨, ‾ と照応することがわかりました．

合成と分解

以上は形式論理学と集合との関係ですが，集合の意義はそれには止まりません．たとえば二つの集合から新しい集合をつくり出す方法の一つとして「直積」という手続きがあります．

たとえば50音のなかでカ行，ナ行，マ行，ラ行は合わせて20の音がありますが，それは子音の集合
$$A = \{k, n, m, r\}$$
と母音の集合
$$B = \{a, i, u, e, o\}$$
を組み合わせて得られます．

$$C = \begin{Bmatrix} ka, na, ma, ra \\ ki, ni, mi, ri \\ ku, nu, mu, ru \\ ke, ne, me, re \\ ko, no, mo, ro \end{Bmatrix}$$

つまり,このようにAとBからつくり出される集合を,AとBの直積といいC＝A×Bで表わします.

あるいはCがはじめにあったとき,それをA×Bで表わすことをCの直積分解といいます.

直積分解のもっともあざやかな例は座標です.平面上の点Pを (x, y) という二つの実数の組で表わすことは,平面上の点の集合を二つの実数の集合の直積に分解することにほかなりません.

これは複雑なものを単純なものに分解したり,逆に単純なものを複雑なものに合成する,いわゆる分析・総合の方法と関連してきます.

いうまでもなく,A, Bが共に有限個の要素からできている集合であったら,A×Bの個数はA, Bの個数の積になることは明らかです.

対応と写像

さらに進んで二つの集合を比較したり,一方から一方に変換したり,一方に写したりすることが問題になってきます.

たとえば選挙人の集合
$$A = \{a_1, a_2, \cdots\}$$
と被選挙人の集合
$$B = \{b_1, b_2, \cdots\}$$
があったとき，単記の投票は，誰が誰に投票したかを問題にすると，
$$a_1 \to b_2$$
$$a_2 \to b_4$$
$$a_3 \to b_1$$
$$\cdots\cdots\cdots\cdots$$
という対応がつきます．つまり A の要素から B の要素への対応がつきます．この投票のしかたの種類は全部でいくつあるかというと，実にたくさんあります．たとえば A が 3 個，B が 2 個だったら，
$$A = \{a_1, a_2, a_3\}$$
$$B = \{b_1, b_2\}$$
全部で $2^3 = 8$ 種類あります．これは A が m 個，B が n 個のときは n^m となることは容易にわかります．

このことから，A から B への対応もしくは写像の全体を，B^A と表わすことにしましょう．これは集合 A から集合 B への写像もしくは変換を媒介するものへと目を向けたことになります．

以上は主として有限個の要素をもつ集合，すなわち有限集合についていえたことですが，それらのことを無限集合にも押しひろげようとしたのが 19 世紀後半に生まれた集

合論です.

集合論はゲオルク・カントル (1845-1918) によって作り出されたものですが, 学問的にどのような性格をもっているでしょうか. それについて述べてみましょう.

数学的原子論

まず第1の特徴は原子論的であるということです. それは古代ギリシアにはじまった自然哲学としての原子論と同じく, あらゆるものをその最小の単位, すなわち原子にまで分解せずにはおかない, という強い要求に動かされている, ということです. その意味で集合論は数学的原子論といっても決して過言ではありません.

たとえば集合論は, 直線を点の集合——もちろん無限集合——であるとみなします. いいかえると, これは直線を点という分子に分解したことです. ただそうすることによって無限集合というやっかいなものを呼び起こしてしまったのです.

このようにして集合論は数学のあらゆる分野に原子論的方法を導き入れることになったのです.

空間的

第2の特徴はそれが時間的であるより空間的だということです.

元来，無限については古来から二つの対立する見方がありました．その一つは「可能性の無限」であり，それはアリストテレスによって代表されるものです．

$$1, 2, 3, 4, \cdots$$

という自然数を数えていく手続きにあくまで執着するなら，それはいつまでたっても終わることはありませんが，いかなる限界をも突破してそれを越えていく可能性があります．つまり無限とは「いかなる限界をも越える可能性」としてとらえられたのです．これは「数える」という手続きが時間の経過のなかで継起しているという意味では，時間的な無限である，といえます．それは未来に向かって開いています．

　この「可能性の無限」に対してカントルが対置したのは「実無限」といわれるもので，それは数えつくされた無限ともいうべきものです．たとえば直線を点の集合とみたとき，その集合は点ひとつひとつ数えていく手続きから独立して，そこに現実的に存在していると考えるほかはありません．それは点が時間からは自由になって空間的に同時に併存していると考えられたものです．それは空間的であり閉じています．

　このような考えを数学のなかにはじめて持ちこんだのはいうまでもなくカントルでしたが，これとよく似た無限観はアウグスティヌス（354-430）などにすでに見られるといわれています．

　全知全能の神は過去から未来までを一瞬のうちに，すな

わち「永遠の今」において見通すといわれたが、それは時間を消去してすべてを空間的に見るともいえます。

だから二つの対立する無限観は時間的なものと空間的なものの対立であると言いかえてもよいでしょう。

そのことは有限のばあいにもすでに見られる。集合数と順序数との対立がそうです。集合数は数える手続きからいちおう独立した概念であり、その意味では空間的であり、それに対して順序数は数えるという手続きのものとなっているから時間的であるといえます。

アメリカ・インディアンの一部族の言語では、日数はもっぱら順序数であって集合数はないそうです。たしかに、第1日と第2日が同時には存在し得ないから、このがんこな思考の方が理にかなっているともいえます。「2日間」というように日数を集合数としてとらえる考え方は、時間的なものを強いて空間的にとらえようとする結果生まれてきたものです。その思考法をさらに徹底させたのが集合論であるといえます。

以上のべたように、集合論は原子論的であり、かつ空間的なのですが、それらの特徴は具体的にはどのように現われてくるのでしょうか。

1対1対応

まず集合論のもっとも重要な考えである1対1対応について述べてみます。

ここに5冊の本が一つの机の上においてあります.その本の集合を
$$A = \{a_1, a_2, a_3, a_4, a_5\}$$
とします.

別のテーブルに,5本のケースが置いてあります.そのケースの集合を
$$B = \{b_1, b_2, b_3, b_4, b_5\}$$
とします.

a_1 のケースは b_1, a_2 のケースは b_2, ……というようになっているとします.そうするとAとBとのあいだにつぎのような1対1対応がつけられています.

一方,Aの集合をみると,5冊が1巻から5巻まで一山につんであります.つまりこの5冊の本の集合Aの各要素のあいだには「上にある,下にある」という一種の相互関係が存在しています.

Bのほうにもやはり,「上にある,下にある」という相互関係が存在していますが,これは二つの山と三つの山との

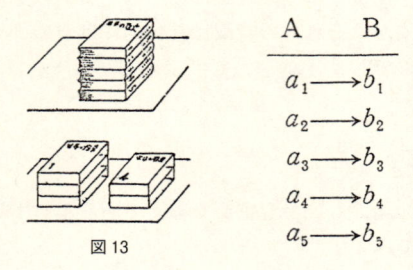

A	B
a_1 ⟶ b_1
a_2 ⟶ b_2
a_3 ⟶ b_3
a_4 ⟶ b_4
a_5 ⟶ b_5

図13

二つに分かれています．つまりAとBとでは，その要素のあいだにある相互関係の型は同じではありません．つまりAとBとは構造がちがうのです．にもかかわらず，AとBとは1対1対応が可能であることがわかります．

集合論はこのときAとBとは同じねうちをもつ，つまり同値とみなすのです．そのことを裏からいうと，AとBとの構造を無視したことになるわけです．そのような意味で同値な二つの集合に「5」という共通の名を与えるわけです．

これは別に新しいことでも何でもなく，いやしくも人間が1, 2, 3, … という自然数を考え出したとき，すでにこのことを知っていたのです．だから，そのこと自身はきわめて古いことにすぎません．カントルの新しさはこの1対1対応という考えを無限集合にまで拡張して，無限の世界の扉を開いたことにあります．

無限集合

A, Bが二つの無限集合であるとき，その要素のあいだに1対1対応がつけられるとき，「AとBは同値である」，あるいは「同じ濃度をもつ」といい

$$A \sim B$$

という記号で書きます．

ここまでは有限集合と変わりませんが，これから先に，有限集合では起こり得ないような逆説的なことが起こって

きます.

たとえば A は自然数全体の集合
$$A = \{1, 2, 3, \cdots, \cdots\}$$
B は偶数全体の集合
$$B = \{2, 4, 6, \cdots, \cdots\}$$
とすると，B は明らかに A の部分集合です．
$$B \subset A$$
ところが A の各要素に，B のなかの，A の要素の 2 倍の偶数を対応させると，

A	B
1	⟶ 2
2	⟶ 4
3	⟶ 6
⋮	⋮

A と B との間には 1 対 1 対応ができます．つまり A と B は同値になります．つまり部分が全体に等しいということになってしまいます．

このように 1 対 1 対応を武器にして無限の世界に分け入ったのですが，カントルはつぎのような不思議にぶつかりました．それは直線上の点の集合と平面上の点の集合とが同値になる，ということです．

ちょっと考えると，二つをくらべて平面上の点のほうが圧倒的に多いだろうと思われるのでしょうが，じつは同じである．つまりうまくやると 1 対 1 対応がついてしまうのです．

カントルはこのことを証明したとき、自分自身で信じられなかったようです。そして友人に「我見れども、我信ぜず」と書き送っています。当人が驚いたくらいですから、当時の学界で、一大センセーションをまき起こしたことはいうまでもありません。このことをよく考えてみると、直線上の点と平面上の点とがうまく1対1対応ができるとはいっても、その対応は、前に述べた本とケースのばあいと同じく、二つの集合の内部構造はまるで無視されてしまうということです。ここでいう構造とは「遠い，近い」という相互関係の型をさします。具体的にいうと、近い2点が遠い2点に対応したりしても、それはいっさいおかまいなしなのです。

　以上でだいたい集合論の基本的な考え方はおわかりになったと思います。具体的なものの集まりはその要素どうしのあいだに何らかの相互関係があります。つまり何らかの構造をもっています。

　ところが1対1対応はその構造を棚上げするはたらき、もしくは捨象するはたらきをもっているといえます。つまり集合論はいっさいのものを原子にまで分解する役割をもっているといってもいいでしょう。

集合と構造

　まず第一に集合 (set) と構造 (structure) という概念についてお話ししてみましょう。集合というのは簡単にいい

ますとものの集まりです．英語ではセット（set）といいます．これはたとえば応接セットというのは机といすの集まりである．家具屋にいくと，応接セットというのは一つの組みで売っておりますが，ああいうのがものの集まり，セット，集合です．

ただここで，ものの集まりなら何でもいいわけですが，ものでなくても，頭の中で考えた「もの」であってもけっこうです．たとえば1週間における曜日の集まりは七つのものです．日月火水木金土，この曜日の集まりもやはり集合です．これを数学では，

$$A = \{日, 月, 火, 水, 木, 金, 土\}$$

記号でこういうふうに書きます．これを「Aという集合」といいます．

ただこのように非常に広い概念ですが，一つだけやかましい規定がある．それは範囲が厳格にきまっていなければいけない．たとえば「この部屋の中にいる人間の集合」というとたいへんはっきりしておりますが，もし入口があいていて常に出たり入ったりする人がいたばあいには，ちょっと集合とはいえない．その人はその集合に入っているかどうかが曖昧だからです．あるいは「この部屋の中にいる人で背の高い人の集合」といっても，これは集合ではありません．なぜなら，どのくらいから背が高いか人によってはっきりしないからです．人によってどの辺から背が高いというかわからない．あるいは「東京の渋谷のハチ公前に集まっている人の集合」，これもはっきりしません．ハチ

公の前に坐っている人はそうであるかもしれませんが，あの辺をぶらぶらしている人は曖昧なわけです．そういった曖昧さがあってはいけない．それさえなければ集合といえるわけです．そのほかは何でもかまわない．

　集合とはそういうものですが，これは19世紀の終わりごろ，この集合の理論というものが数学の中へ出てきた．ここであげましたような集合は有限個のものの集まりです．この部屋の中にいる者の集合，人間の集まりは有限個の集まりですが，じつはそういうものを目標にしたのではなくて，無限個の集まりを研究する学問として集合がでてきた．有限個の集まりももちろん集合ですけれども，集合の理論としては，これを「集合論」といいます．この集合論が一つの大きな刺激になって，現代数学が生まれてきたわけです．これは数学の歴史の中でたいへん革命的な理論であった．

　そのことにあまりここでは触れられませんが，数学で集合というときは，有限集合よりはむしろ無限集合に重点がある．たとえばすべての整数の集まり，1, 2, 3, 4, 5, 6, … というのは無限個あります．きりがありません．あるいは直線上の点の集まりも無限にあります．こういうものを集合と呼んで，それのいろいろな性質を研究しようというもので，19世紀の終わりに集合論なるものがでてきたわけです．

構造という概念――同型

　集合は現代数学を生みだしていく一つの原動力になった．ところがその後，「構造」という概念が出てきた．英語の structure です．これは何だろうか．これは集合と構造を二つ一緒に考えたほうがむしろ理解しやすい．構造というのはいったい何なのかといいますと，これは集合に何か加わったものです．集合とは単なるものの集まりをなしている一つ一つの構成分子，つまり要素の集まりですが，要素相互の関係は考えていない．ところが構造というのは，この要素の間に何らかの相互関係が規定されている，もしくはそういうものが定義されている，こういうものを構造と呼ぶわけです．

　構造という概念，これは建物にたとえると非常にうまく説明できる．建物は昔からあったわけではなくて人間が建てたものですが，建物が建つ前にはまず建築材料を持ってくるわけです．そこの建物をつくる敷地へ建築材料を集めてくる，そういう状態のときはまだ集合だといっていい．お互いに何の関係もない．ところが建築材料を組み立ててくると，その建築材料の一つ一つの間に相互の関係がでてくるわけです．この石の上にはこの柱をのっけるとか，この柱とこの柱はこのはりでもってつなぐとか，つまり一つ一つの集合の要素の間を何らかの関係で結びつけるわけです．そうすることによって建物ができる．数学でいう構造とはそういうものです．

ただし建築物は物体からできています．しかし数学の構造は物体ばかりではなくてもっと広くて，いわば概念の建築物のようなものです．たとえば月，火，水，木，金というのも，ものではないでしょう．月，火というのは一つの概念，これが月曜日だといって見せるわけにはいかない．物体だったら何か重さとか体積がある．そんなものはないわけですから，ものとして考えたものにすぎない．しかし曜日の集まり——集合は何かといえば日，月，火，水，木，金，土ですが，ところがよく考えてみると，この曜日の間には相互関係がある．たとえば日曜のつぎは何かというと月曜である．月曜のつぎは何か．つまり「つぎの日」というもので日曜と月曜はつながっている，相互関係があるわけです．すなわち，これを一番うまい具合にあらわそうとすれば，ぐるっと回すとよろしい（図14参照）．こういう矢印で結びつけられている．そう考えるともはや構造になってくる．われわれはこういう構造を頭に入れていろいろな判断をしています．ぐるっと回ったものを何らかの形で

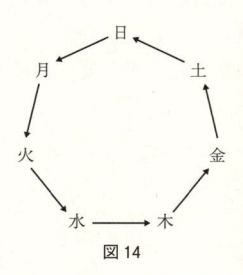

図14

頭に入れて暦というものを理解していると思うのです。つまりそういう構造が頭の中に入っているからいろいろな判断が敏速にできるのです。そういう意味でしたら、構造なるものはわれわれはとっくに知っていることなのだ、こういってもいいでしょう。

そういう例を二、三あげてみたいと思います。要するに何らかの相互関係を持った何かのものです。たいへん一般的ですけれども、構造とはそのくらい広い概念である。

たとえばスポーツなどでリーグ戦というのがあって、三つのものの間に「三すくみの関係」になることがたくさんあります。一番よくわかるのはじゃんけんです。石、鋏、紙ですが、石は鋏より強い。開いているほうが強く、つぼんでいるほうが弱い（図15参照）。じゃんけんの種類はいくつあるかといえば、石、鋏、紙といえばいい。これは集合ですが、相互関係はどうか、強い弱いの関係は図15のようになっている。これ全体は一つの構造だと考えてよろしいわけです。これは三すくみの関係。われわれがじゃんけんをするときに、この構造がすっかり頭に入っていて、石をだしたり鋏を出したりしています。こういう形で覚えているかどうかわかりませんが、要するにぐるぐる回ってい

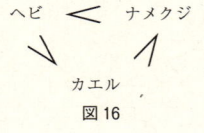

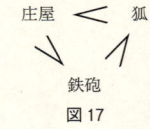

```
石 < 紙         ヘビ < ナメクジ         庄屋 < 狐
 ↘ ↗              ↘ ↗                    ↘ ↗
  鋏               カエル                   鉄砲
図 15             図 16                    図 17
```

る関係です．こういう関係をもった構造は，単にじゃんけんだったら，こういうものを三すくみなどという言葉すら考える必要はないと思いますが，三すくみという言葉ができたのは，これと同じような関係を持ったものが世の中にはほかにもいっぱいあるからです．ものは違うけれども，このタイプの関係は至るところにあらわれてくる．

これはほんとうかどうか知りませんが，ヘビとカエルとナメクジは三すくみの関係，これもけっこうです．こういうものを「同型」といいます．さっきの建物の例に戻りますと，ものは全然違うけれども，設計が全部同じもの，集団住宅などはそうなっている．ものは違うけれども建物の型は同じである．

あるいはもっとほかにいうと，昔私たちがやっためんこに庄屋，鉄砲，狐というのがある．これも三すくみです．昔は庄屋が鉄砲を取り締まって，鉄砲を持っていると取り上げることができる．だから庄屋が強い．鉄砲は狐を撃つ．狐は庄屋をだます．これもみんな構造であって，しかも同型です．

要するに相互関係のパターンが同じである．パターンという言葉を使うとよくわかると思いますが，つまり人間は三すくみという言葉を，常に一つの誰でも知っている言葉として使っている．こういうのがほかにもいっぱいでてくる．たとえば六大学野球の結果，今年はどうなったか知りませんが，慶應と早稲田と明治が三すくみになったという関係はいくらでも起こるわけです．あれは三すくみだとい

えばすぐわかる．

　人間の思考の中には，ものは違うけれどもパターンが同じだということを見分ける力があります．だから三すくみという思考方法といいますか，そういうパターンが有効になります．人間はそういうものをとらえる能力がある．これは構造として同じである，つまり同型であるというわけです．ものは違うが相互関係のパターンの同じものというのが至るところにある．それがじつは数学という学問を人間が考えだしたもとになっている．だから構造という概念がたいへんだいじであるということなわけです．

　もう少し例をあげてみましょう．三すくみばかりが決して構造ではありませんし，また数学者がこんな簡単なものを研究しているわけでもない．ただわかりやすく説明するためです．

　たとえば血液型——最近は分類の種類が非常に多くなっているそうですが，われわれがよく知っているのは四つあります．{O, A, B, AB}．血液型はいくつあるかといえば，O, A, B, AB であると答えれば満点です．しかしこれも単なる四つあるだけではなくて相互に関係がある．つまりどの型からどの型へ輸血可能であるかということまで考えると相互関係は出てくる．上にあるのが下へ輸血できるというふうに図を書いてみると，図18のようになる．これもまた一つの構造であるのです．

　ところが，ものは全然違うけれども，相互関係のパターンの同じものはほかにもまだある．たとえば6という整数

図 18　　　　　図 19

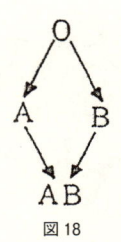

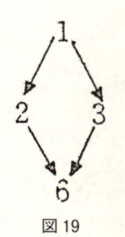

がありまして，これの約数はいくつあるか．{1, 2, 3, 6}．1 と 2 と 3 と 6 自身，四つあるのです．ただこの数の間には割り切れる，割り切れないという相互関係がある．上のやつが下のやつを割り切るという図を書いてみると図 19 のようになる．1 は 2 を割り切る．2 は 6 を割り切る．3 は 6 を割り切るというのが約数です．これを見ると，まるでものが違いますが，相互関係の型は同じ，つまり同型である．こういうものも一つの構造です．

　もう一つ例をあげてみます．日本の四国の県はもちろん香川，愛媛，徳島，高知と四つあります（図 20）．四国の県をあげなさいといえば，香川，愛媛，徳島，高知といえばいいわけです．この限りにおいては，これは集合にすぎない．相互の関係は何も考えていない．ところがこれの地理学的な配置を問題にして，どの県とどの県は境を接しているかどうかということを問題にしてみると，相互関係がでてくる．愛媛と徳島が境を接していて，香川と高知は接していない．お互いに境を接しているという関係まで考える

図20

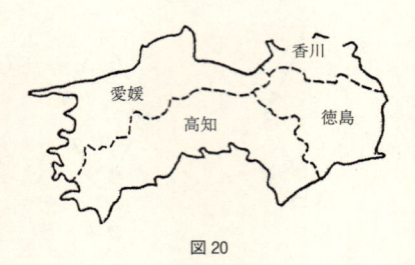

と,もはや一つの構造になる.こういう配置になっているところ,四つの県を持ち出してこれと同じ型になっているところは日本のほかのところにいくらでもあります.九州の鹿児島,熊本,宮崎,大分というのはちょうどこんな配列になっています.境を接しているという関係に着目すれば同型です.

ところが四つの県でも,ただ四つは同じであっても,境の接し方のタイプの違うものはほかにいくらでもある.たとえば北陸の四県はずっと一直線に並んでいる.これは四国と同型ではない.つまり四国型ではないわけです——四国型という言葉を使っていいかどうかわかりませんけれども,これも一つの構造であって,同型のばあいと同型でないばあいとがある.

つまり人間にはそういういろいろなパターンを頭の中へ持っていて,そのパターンに照らし合わせて考えていくという能力があります.そのパターンのことを構造と呼んでいるのです.だから構造は人間の思考の一つの側面をかな

りよく代表しているものだと思うのです．

構造の科学

　数学という学問の特徴は，さっきたとえば三すくみの例を三つあげましたが，石，紙，鋏がどういうものであるか，一つ一つのものの性質を研究するのは数学の任務ではなくて，もののほうはいちおう棚上げして，相互関係のタイプに重点を置いて研究するのが数学だ，そういう意味で数学を「構造の科学」という規定をすることができる．いろいろな構造が数学という学問の中にストックされている．世の中がだんだん進歩するにつれて，そのストックはふえていっている．数学者は職業上いろいろな構造あるいはそういうパターンを知っている．だから専門家になる．しかし数学者でない人も相当たくさんのパターンを知っているはずである．それでいろいろな現実の問題を処理している．だから数学は構造の科学というふうにいうと，たいへんその性格がはっきりしてくる．

　数学は名前によりますと，数の学となっています．ところがそれはちょっと違うのです．数学というのは数の計算をやる計算術だというふうに誤解されやすいのですが，とくに現代の数学は，数の研究もやりますけれども，それは一部分であって，むしろ構造の研究が主である．

　じつは数学は，昔皆さんが小学校，中学校でおやりになった数学でも，ある意味では構造をやっていたのです．た

とえば2＋3＝5という計算をやったときに，この5というのはミカン二つとミカン三つを足したらミカンが五つになったということも代表している．それからリンゴ二つでもよろしい．人間でもいい．何でも使える．つまりものは違うけれども構造は同じなんだ．その同じものを全部代表したのが2＋3＝5だ，こう考えれば，数学はじつは昔から構造をやっていたといえないことはありません．しかしその構造が数で表わされるような構造を主としてやっていた．だから，数の学問といっても間違いではなかった．しかし最近では必ずしも数であらわされないような関係も研究の中に入れてきた．

「構造の科学」，つまりストルクトゥール・ヴィッセンシャフト（Strukturwissenschaft）という言葉はドイツ人が——ドイツ人は新しい言葉をつくるのが好きですから——使っておりました．これは「数学」という言葉よりは，その性格がよくわかるのです．大学の数学科というのは理学部にあります．つまり自然科学を主として研究する学部の中にあるのですが，いままではそれでもだいたいよかった．つまり数学のやっていることが主として自然現象に関係しておった．ところが最近では，数学が社会現象の中にいくらでも関係する．つまりパターンが同じ現象が社会現象の中にあらわれてくれば，いくらでも社会現象にも使えるわけです．

これは一つの例で，専門家でないからあまり自信をもって申し上げられませんけれども，だいたいこういうことが

図21

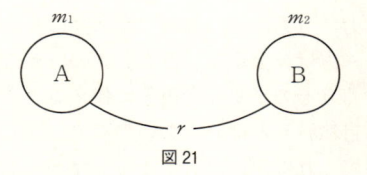

いえるそうです.ここに二つの都市がある,Aという都市とBという都市がある(図21).AからBへ行くトラック,汽車あるいは全部の交通量は——Aの人口を m_1,Bの人口を m_2 とし,ABの距離を r とします——そうすると人口の積に比例し,そして距離の2乗に反比例する.

$$\frac{km_1 m_2}{r^2} \quad (k は定数)$$

これに非常に近い法則があるのだそうです.これはさっきいった社会現象に数学を応用していろいろ経験的にやってみると,だいたいこういうふうになっているのだそうです.もちろん大まかにいっての話です.いかにもありそうです.大きな都市ほどそこに入ってくるいろいろな物資や人間の数は多くなってくる.都市の大きさに比例するということはいかにもほんとうです.距離が遠くなれば交通量は減ってくるでしょう.だいたいそれが2乗に反比例する,こういう法則です.これは社会現象の中にある一つの法則ですが,これと同じ法則が万有引力にもあるのです.二つの物体が引き合う力は,その二つの物体の質量の積に比例して距離の2乗に反比例する.だからその法則のタイ

プは万有引力にもあるし，都市の交通量にもある．一方は自然現象，一方は社会現象．万有引力のほうで研究しておけば，そっくりそのまま社会現象に使える．こうなってくると数学は自然科学とはいえないのです．同じ構造を持ったものが出てくれば何にでも使える．だから数学は自然科学とか社会科学とかいう分け方ではなくて「構造の科学」といったほうが性格をよく表わしている．

　しかし構造というものをたいへん広く考えてみますと，ほかにもたくさんあると思います．たとえば音楽の楽譜ですが，これだってある意味では構造です．ドレミファという音が一定の順序で並んでいる．単なるドレミファの集まりではなくて，それが構造を持って配列されているわけですから，これも一種の構造であるといえないことはない．あるいは絵だって，いろいろな色彩が単に雑然と並んでいるわけじゃなくて，一定の構造を持って配列されている．だから，絵かきはそういう色彩の構造を実際つくっていることになります．作曲家は音の構造をつくっているといえないことはない．あるいは碁の名人は碁石の構造をつくっているといえないこともない．そのように非常に広く解釈すると，人間の創造的活動は必ず何かの構造に関係がある．新しい構造をつくりだすのがある意味で創造力かもしれない．建物が構造のいい例であるとするならば，建築の設計家は新しい構造をつくりだすという創造力を持っていることになります．そういうように非常に広く解釈すると，構造というものは至るところに出てくる．

ところが，あまり一般化してしまうと，何でもかんでも数学になってしまう．あまり広げてしまうと数学者は作曲もしなければならないし，絵もかかなければならないということになって，これはたいへん具合が悪い．そこでいちおうふろしきを広げておいてから，今度はつぼめないといけない．数学という学問で研究する構造というものをある程度限定しようというのです．

　そこで構造というものをだいたい3種類に限定したのです．それが位相的構造，代数的構造，順序構造で，この3種類についてあらましお話ししてみたいと思います．

位相的構造

　位相的構造というのも，やはり集合というものがもとになります．何かのものの集まり，その間に何らかの相互関係が入っているのですが，その相互関係が簡単にいえば「遠い近い」の関係である．二つのものが遠いか近いかという規定がしてある．この位相的構造の一番いい例は，われわれの住んでいる空間です．それは点の集まりだと考えますと，点と点の間の距離というものがちゃんと定まっています．この点とこの点は近いが，この点とこの点は遠いという判定がちゃんとつけられるようになっている．われわれの住んでいる空間は位相構造の非常にいい例で，われわれはそれをよく知っています．こういうものがわれわれの頭の中へ入っているから，われわれは非常に敏速にいろ

いろな行動ができるわけです．方向オンチというのはだいたい位相構造があまり頭の中へはっきり入っていない人ではないか．だから自分がいまどこにいるかよくわからない．道に迷ってしまう．人に道を教えるのがうまい人は，位相構造がわりあいはっきり入っている．だからあまり迷わない．ところがそれが入っていないと，どこか横丁を通りすぎたりなにかしておかしいということがわからないから，どんどん行き過ぎてしまう．たとえば東京に住んでいる者はだいたい東京の位相構造は頭に入っている．だからあまり考えないでも，国電にどう乗ったらどう行けるかということは，そう間違わない．たまに東京に出てくる方は，それが入っていないから間違うのです．

　われわれの住んでいる空間は確かに位相構造のたいへんあざやかな例ですけれども，必ずしもそればかりではない．たとえば2点間の距離というのは，空間的な2点間の距離と考えてもいいし，また別種類の広い意味の距離だって考えられる．すなわち2点，Aという地点からBという地点へ移れる時間を距離と考えたっていいわけです．たとえば新幹線みたいなものができると，東京と大阪は非常に時間的距離が近くなる．東京の近郊どうしはあまり交通が便利ではありませんから，案外遠いかもしれない．一つの県でもずいぶん交通不便で何時間とかかるところもありますから，これは時間という点から考えると，また位相構造が少し変わってきます．あるいはA地点からB地点へ移る交通費を距離と考えてもいいかもしれない．そうすると

また違ってくる．考え方によっていろいろな位相構造が考えられるわけです．

あるいは空間とは関係がなくて，たとえば日本人全体を考えたときにそれの血縁関係を考えてみると，その人が住んでいる場所とは無関係に，北海道と九州に住んでいる人が親子であったりします．そうすると血縁関係は非常に近い．隣に住んでいる人だって，全然関係のない人がいっぱいいるわけですから，血縁関係という点からいうと遠いのです．われわれは決して空間だけでなく，相互関係の遠い近いということも，広い意味の位相構造の中に入れて考える．人間というのはだいたいにおいていろいろなものを遠い近いという関係に翻訳して理解するくせがあります．遠い近いというのは本来が空間的な距離にあてはめられるのですけれども，血縁が近いとか遠いとかいいますが，すでにある意味では空間的に翻訳して考えている証拠だと思うのです．

もう一つの例をあげてみますと，専門家でないからよくはわかりませんが，色彩空間（colour space）というものがある．これはどういうものかというとだいたい三角形です（図22参照）．この三角形の各頂点に純粋な赤と黄色と青とを配置して，だんだんこれから青と赤のまざり具合によってできてくる色を連続的に配置しておく．赤と黄色の間には橙色みたいなのが出てくる．青と赤の間には紫色が出てくる．青と黄の間には緑が出てくる．こういう一つ一つの色を三角形の各点であらわしている．こうするとこれも

赤

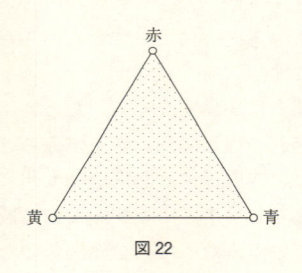

黄　　　　　青

図22

一つの位相構造です．つまり色が似ているか似ていないかということを距離に翻訳したものです．これが色彩空間といわれている．こういうのも位相構造です．実際こんなものがあるわけではないですが，こういうふうに図形で表わしてみると，たいへん理解しやすくなる．人間というものは，さっきいったいろいろな関係を「遠い近いの関係」に翻訳する非常に根強い傾向がある．それをひとまとめにしたものが位相構造だといってもいいでしょう．

代数的構造

　代数的構造というのは，皆さんが代数をおやりになったのを思い起こしていただけばいいと思いますが，{1, 2, 3, …}，こういう正の整数あるいは自然数ともいいますが，集合がある．これは無限個あります．単なる集合だけでなくて，足し算というものでこのかってな二つを足せば，たとえば1+5=6というように，二つ選んできて足し算でくっ

つけると6という数がつくり出される．こういうふうに二つを結合して新しく6というものがつくり出されると考えますと，この間に一つの相互関係が規定されてくる．任意の二つを持ってきて足し算でくっつけると第三のものがでてくる，明らかに相互の関係がでてくる．こういう相互関係を持ったものを代数的構造といいます．これもその一種です．もちろんこんな簡単なものばかりやっているわけではありませんが，これも一つの例です．

あるいは最近コンピュータが盛んにでてきて，コンピュータの原理になっているものの一つに記号論理学というのがあります．これは普通の論理学と違っておるわけではないですけれども，記号を使っていろいろな推論を機械的にやろうというのです．普通の論理学と違った結論を出すようなことはないわけですけれども，記号を使うと非常に錯雑した推論が計算によって正確に誤りなくできる．これの最初のアイデアを考え出したのは，ライプニッツです．ヨーロッパの哲学史には必ずでてくる人ですが，ライプニッツが記号論理学の基礎をつくった．基礎をつくったけれども完成はしなかった．これはいわゆる論理的な推論を代数の計算と同じような式の計算によってやる．それを機械にやらせているのがいまのコンピュータです．

これがなぜ代数的構造かといいますと，たとえば集合として命題の集合を考える．命題というのは主語と述語を兼ね備えた何らかの判断をあらわすものをいう．「犬」というのは命題ではない．「犬が走っている」というのは命題

である．主語と述語がそろっているから何らかの主張をしているわけです．ほんとうか嘘かということをここでは問わない．だから「太陽が西から出る」というのも命題には違いない．ただそれが嘘であるだけだ．ばあいによってはほんとうになるかもしれない．

　一つ一つの命題を仮に A, B, C という記号で表わす．この二つの命題をちょうど代数の足し算や掛け算と同じように and でつなぐ，両方成り立つというわけです．いろいろな記号がありますけれども，下へ開いているかぎ A∧B で表わす．もう一つは or で A になるか B になるか，これは上に開いている記号 A∨B で表わします．A と B で表わされた命題をつなぐと，ここにまた新しい命題ができる．少し長いのですけれども，「今日は雨が降る」「今日は風が吹く」という二つの命題を and でくっつけると，「今日は雨が降り，かつ風が吹く」．or のほうは「今日は雨が降るか，風が吹くか」，これも長くなりますけれども，複合命題になるわけです．そうすると二つのものをくっつけて第三のものが生みだされるという意味で一つの代数的構造になるわけです．

　記号論理学では and と or ともう一つ否定の not があります．いろいろな記号がありますが，上へ棒を引っぱったのを否定命題．A が「今日は雨が降る」という命題であったら $\bar{A}$ は「今日は雨が降らない」．これを二度否定すれば $\bar{\bar{A}}=A$ でもと同じになる．and のほうは普通の数の掛け算によく似ている．似ているというだけで同じではありま

せん．or のほうは足し算に非常によく似ている．否定のほうはマイナス A によく似ている．似ているというだけです．たとえばマイナスを二回とればもとに戻るでしょう．二重の否定は肯定と同じだ．ここで and, or, not という三つのもので命題を関係づけるわけです．ちょうど足し算と掛け算等で一つの代数ができるのと同じように，命題を計算の対象にすることができる．だから昔はこれを論理代数ともいったのです．最近は記号論理学あるいは数理論理学ともいいます．普通の論理学と違うわけではありませんが，要するに記号という手段を使う，そこが違う．こういうものを使いますと非常に錯雑したものが誤りなく行なわれる．

これがなぜコンピュータに使われるかといいますと，$A \wedge B$ (and) のほうは電気の回路をつくるときには直列につなぐことに相当する．シリーズにつなぐといいます．ここに A というオンとオフにできるスイッチがある．これと B というスイッチを直列する（図23参照）．それから or のほうはパラレル，並列につなぐといいます（図24参照）．なぜかといいますと，「今日は雨が降る」「今日は風が吹く」という命題，二つを and で置くと，これがほんとうになる

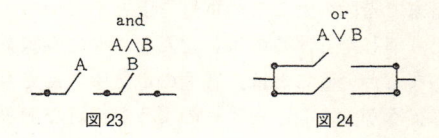

図 23　　　図 24

ためには両方ほんとうでないと困るわけです．雨が降って，かつ風が吹かないとほんとうじゃない．ちょうどほんとうか嘘かというのを，図23のスイッチのほうではオンとオフに対応させる．オンのときはほんとう，オフのときは嘘．図23で電気が流れるためには，両方オンでないと困るわけです．どこかオフだと切れてしまいます．ちょうど，回路をつなぐときには，直列につなぐことにこれが相当する．図24は並列につなぐことに相当する．なぜかというと，「今日は雨が降るか，風が吹くか」という命題は，一方がほんとうならばほんとうなんです．だからこのスイッチのほうで考えますと，一方はオフであっても，一方がオンなら，電気が通るのをほんとうだというふうに考えますと，電気は通ります．だから計算機とか，あるいは非常に複雑な電気回路を設計するのに，記号論理学が使われるわけです．

　たとえば，エレベーターみたいに非常に複雑な回路，ここの一階のボタンを押すと電気が流れて，ちょうどエレベーターが一階にとまるようになっている，あるいは戸が開く．非常に複雑な機能を持っているわけですが，そのときに中の電線をどうやってつないだらいいかということは，なれた人でもなかなかできない．非常に簡単な例ですが，よく二階家で階段のところの電灯を上と下二つのスイッチでつけたり消したりするのは，どんなふうに電線をつないであるかなどということは，普通の電気屋さんでも知っているでしょうが，エレベーターのような複雑な働きをする

ものを，このボタンを押したらこうなるようにうまい具合に線をつながなければいけない．それが複雑すぎて手に負えないわけです．ところがちょうど記号論理学で計算した結果，式がでてくると，それを翻訳すると，ここのスイッチとここのスイッチはシリーズでつなげばいい，これはパラレルにつなげばいいということがわかる．そういうところに使います．コンピュータなんかをつくるのにそういうのが使われている．

あるいは最近ではよく議論がでているようですが，国会の投票を机の下にあるスイッチでやろう．各議員さんのところから電線がでているわけですが，それをうまい具合にやると，たとえば賛成が多かったときには青ランプがつく，反対が多かったら赤ランプがつくように，この線を——四百何人ですか，そのスイッチをいかに結び合わせたらいいか，これももちろん計算すればできる．そういう誰が投票したかわからないようにやるには，これでやるとできます．こんなものを普通でやるとたいへんなんですけれども，記号論理学の計算によりますとたいへん楽にできる．非常に複雑な電気の器具などはこういうのを使っているわけです．たとえばエレベーターなんかでも，エレベーターが三つ並んでいるのが，うまい具合に各階にちょうど同じ具合にいくのもできるわけです．

余談ですけれども，エレベーターのそういう設計は日本が一番進んでいるのだそうです．つまり連動式になっているのがある．というのは日本人が非常にせっかちで，なか

なか悠然と待っていないで，ちょっとエレベーターがこないとすぐ癇癪を起こす国民性があるから，そういうのが発達したのだそうです．

つまり論理学というのはまったく頭の中だけの思考だと思っていたのが，あにはからんや電気の回路に使われる．非常に現実的なものに使われるということは，もとをただせば何かというと，論理学の中の and, or がそっくり直列と並列というものと同型になるから，その同型ということが使われているわけです．この同型ということでまるで違ったものが同じ理論で統一できる．こういうことがほかのところでもたくさん行なわれるわけです．これをよく工学では，シミュレーション（simulation）といいます．結局二つの違ったものの中に同じ型の法則が成り立つことを見つけ出せば，片っ方のほうはたいへん実現することが困難である，片っ方はたいへん楽であるというばあいに，片っ方で肩がわりをして実験することができる，そういうことは盛んにやられているわけです．

たとえば飛行機の風洞実験．これは非常に大きな飛行機を設計して，それを飛ばしたときにはいかなる風圧があるか．実際に飛行機そのものをつくって飛ばすことはたいへん危険である．それから金がかかる．そういうかわりにその飛行機のひな形を風洞の中へ入れて空気を流してそこで風の流れを見てみる．そうすればそんなに大きなものをつくらないでもいいのだ．つまりひな形実験です．あるいは非常に大きなタンカーをつくりたい．しかし実際につくっ

てみて，ああまずかったというのでは困る．だからそのひな形をプールに浮かして，いろいろな波を起こして，どういう動揺をするかというようなことをやってみる．こういうのをシミュレーションといいます．シミュレーションのもとになるのは，法則の型は同じだ，つまり同型だ，あるいは同じ構造を持っているばあいです．あるいは非常に大きなダムをつくりたいけれども，ダムをつくったばあいにその水圧がどういうふうになっているのか．そういう水圧がどういうふうに分布するかということを調べるには，ダムのひな形みたいなものをつくって電気を流してやる．電気の流れる法則と水のいろいろな力の配置というものがこれまた同型であるというところからできるのです．そういうことは最近の工学では盛んに行なわれている．シミュレーションの語源はたぶんシミラー（similar），相似，ひな形実験とでもいったほうがいい，あるいは模型実験ともいいます．それはやはり違ったものの中に同じパターンの法則があるということを根拠にしているのです．

順序の構造

つぎに簡単に順序構造のことをちょっとお話ししておきます．

これは 1, 2, 3, 4 という自然数あるいは整数というものは，単なるものの集まりではなくて大小の順序があります．したがってこれはそういう意味では順序構造である．

あるいはさっきあげた血液型の関係も順序構造と呼びます．ＯとＡとはＯからＡには輸血できるが，ＡからＯへはできませんね．だからそこに一つ順序がついておる．あるいは「銀行の行員のメンバーをあげろ」といえば，あいうえお順であげておけば，これは単なる集合です．しかしこれは単なる集合じゃなくて，順序構造でしょう．銀行のばあい，頭取がいちばん命令権があって，それから専務，部長，課長とこうなっている．こういうのが順序構造です．そういった順序の構造というものを第三にあげてある．

　だから数学者が主として研究するのは，この３種類ぐらいにしておこう．あまりふろしきを広げないでおこうということでだいたい現代数学は——いまあげたような簡単なことをやっているわけではありませんが，だいたいはこういうようなことをやっている．こうなってきますと，数学というのは計算ばかりやっている——計算もやりますけれども，そうではなくて——あるいは計算の術だというふうにお考えになるとだいぶ違うのです．だから何かの問題にぶつかったときに，ああこれはこういう構造を持っている．同じ構造が数学の中ですでに研究されておれば，その成果はすぐ使えるわけです．そういう意味で数学は「数の学問」だという理解よりは「構造の科学」として理解しておくと，いろいろな具体的な問題にぶつかったときに接触面が非常に多くなってくるということはいえると思うのです．

構造という概念は，これだけではなかなかわからないかもしれないが，こういうものが現代数学の中心的な研究課題になってきている．いま挙げたものをやっているというのではありません．もっと込み入ったものをやる必要があるわけですが，しかし，いま挙げたようなものを構造の例だといってよろしい．

　数学はそういうものの研究だということになってくると，おそらくみなさんが数学とはこういう学問であったと，小学校からずっと教えられてきたのとはかなりズレているのではないか．「なんだ，そんなものも数学のうちなのか」というふうな意外な感を抱かれるのではないかと思うのです．数学というのは問題があって，きちんと計算して答えを出し，合えばマル，違えばバツをもらうものであった．計算して答えを出すのが数学という学問だった，というふうにお考えかもしれない．じつは，それも数学の一部分であるにはちがいないけれども，それよりもっとだいじなものは，いわゆる構造を理解する，あるいはもっと広くいって，いろいろな物事を構造的にとらえるということで，それが数学を勉強するいちばん大きな狙いだということになってくる．そうなると問題の答えを出すのを少しぐらい間違えたって，構造というものを正しくとらえることができれば零点にしなくてもいいのではないかと思う．そうなると見方がかなり変わってくる．

　ところが，この構造的にとらえるということは，数学以外のことをやっている人がさかんにやっていることです．

というよりは，人間はみんな構造的にとらえることができる能力を持っている．構造というのは，ことばでいうと物事のパターン，型である．型で考えるということが人間はできるのです．数学は，人間のそういう能力を特に伸ばそうという傾向をもっている．そういう型でとらえるという考え方を系統的に，あるいは体系的に発展させたのが数学だということになれば，数学というのはもっともっと広い，いわゆる数学者でない人にもたいへんかかわり合いの深い学問だということになってくる．さっきいったように，絵を描くこともある意味では構造的にとらえる，あるいは構造をつくり出すことですし，音楽だってそうです．これは人間の活動の，特に創造的活動にかかわり合いがあります．

構成的方法

こういうことになってくると，今までの数学の四つの時代の特徴は，簡単なことばでいうと，古代は経験的である．そして帰納的である．中世は演繹的である．しかしそれは動的でなくて静的である．近代は動的である．現代はいまいったように構成的である．また構造をつくり出す，こういうふうになってきているといってよろしい．

構成的というのでいちばん典型的なものは建築です．建築は，自然にあるものを人間の都合のいいように組み立て直してつくるわけです．建物というのは自然そのままに放

ったらかしてできるものではない．人間が一定の目標を立てて，それにふさわしいようなものを建てるわけだから，構成的である．数学そのものがこういうふうに変わってきている．建築家が新しい物を建てるのと同じように，数学という学問は新しい構造をつくり出すことが可能になってきている．それは必ずしも現実の中にそのままあるとはかぎらないようなものを新しくつくってゆく．

　今までの科学そのものの発展がやはりそういうふうになっている．たとえば化学は，昔は自然に存在するものをそのままどういう組み立てになっているかを分析した．水はH_2Oであるというように，ありのままに存在しているものを分析していった．ところが化学が次第に発展するにつれて，今までになかったものをつくり出す．これはわれわれの身のまわりにいっぱいある．合成繊維だとか今の着物はほとんど自然にあったものとは違う．綿とか絹とかではなくて，人間が勝手に合成してつくったものです．合成というのは組み立てを自然にあるものと変えることです．石炭というのは自然に存在していたけれども，それを水素とか炭素とかに分けて，もう一回都合がいいように再構成したものである．そういうものがいっぱいでてきたのと同じように，数学のばあいにも自然の中には存在しないような構造がいっぱいでてきた．こういうふうに構成的になってきたということは数学ばかりではなくて，あらゆる学問がそうなのです．

　もっと典型的なことをいうと人工衛星がそうです．衛星

というのは，地球の衛星は月だということで大昔からあったけれども，こんどは人間がその衛星をつくり出す．人工衛星はそうです．人工の中にはあんまり良くないものももちろんある．人工甘味料なんかそうです．砂糖よりだいぶ悪い．人工の力がまだ不十分だからでしょう．化学が本当に発展してないからああいうことになる．有毒なものもかなり出ているわけですが，とにかく元素の間の新しい組み合わせをつくることによって新しい物質をつくりだすことができるようになった．これと同じことが数学でもたくさんいえてきた．これが近代の数学と考え方が違うところです．

　近代数学は，自然のありのままのものを非常に精密な顕微鏡で見るようなものであった．これが微分積分であった．精巧なカメラ，写真みたいなものである．ところが，現代の数学は必ずしもそうではなくて，もちろん，そういう段階を経ているわけですけれども，化学で新しい組み合わせというものができるときには，元素と元素を結びつけているいろんな力，法則を前もって研究してゆかなければできない．近代の考え方をもとにしているわけですけれども，やっていることはそれよりも，かなり違ってきている．こういう考え方を構成的ということにいたしましょう．

　建築に限らず，だいたい工業でやっていることはすべて構成的であるといってよろしい．みなさん，素人の方が数学をわかりにくいと考えられるのは，こういう点にあるのではないかと思われる．今まではありのままのものを精密

に見ることだったけれども、こんどは構成的になっている。今までになかったものもつくり出す。そういう一つの考え方の転換がでてきた。これは人間の力がだんだん進んでゆくと自然にそうなると思います。いろんな人工物がたくさんでてきたのと、ちょうど歩調を合わせているのです。

現代数学と芸術と科学

もう少し広いことばでいうと、近代までの数学は、芸術のことばを借りると自然主義、あるいは写実主義などにたいへん近い。ありのままのものを忠実に写しとる写真のようなものである。現代の数学は必ずしもそうではなくて、20世紀になってでてきたアブストラクトの絵だとか、あるいはシュール・リアリズムのような傾向をかなり持っている。現実から離れてはいないけれども写真ではない。ピカソの絵なんていうのは顔が二つだぶっているようなものもでてきている。あれは写真ではない。つまり絵というものに対する見方が違ってきている。昔は自然を忠実に写し取ることだったけれども、20世紀になると必ずしもそうではない。

現実とは離れていないけれども、現実のある側面を極端に誇張したようなものがでてきている。それとたいへんよく似ている。さっきもいったように、ヒルベルトの『幾何学の基礎』から始まって、現代の数学のそういう考え方、

つまり構造みたいな考え方がでてきた．ちょうど同じ時期に絵の中にアブストラクトの絵とか，あるいはシュール・リアリズムみたいなものがでてきた．その点たいへん似ていると思う．しかし，その間に関係があったかどうかはわからない．それは専門家に聞かないとわからないのですけれども，同じ時期にそういう考え方が出てきたということはたいへんおもしろい．

　構造という考え方は，おそらく歴史的には数学の中でいちばん早くでてきた．しかし，最近になって，数学の考え方がいろんな方面に伝染したというか，広がっていっている．最近では構造主義という一つのものの考え方がいろんな方面にでてきている．心理学とか言語学とか文化人類学，こういったようなところへ構造という考え方がたくさん広がってきつつある．そういうように，これは数学だけではなくて，もっと広い概念であるということがいえると思うのです．よその分野でどういうふうになっているかということは，とうてい時間がありませんし，また私も専門ではないからあんまり偉そうなことはいわないことにしておきますが，みなさんが興味がおありだったら，そういう方面を研究してごらんになるとたいへんおもしろいと思います．ただ，構造というのは20世紀になってでてきた考えですが，この考えが万能であるか，数学は構造の科学であると簡単にいっていいのかということになると，また躊躇せざるをえない．

動的体系

　さっき，構造という考え方を最もよく表わすのにそれを建物にたとえた．建物というのは少なくともいったん建てたら動かない建前になっている．建物がいろんなふうに動くということは今のところは考えられない．それは動くことを予想していない．建物は動的ではなくて，やはり静的である．いったん建物ができたら動くことは考えていない．最近はくるくる回転する建物がありますが，ああいうのは例外でしょう．われわれの住んでいる家もいったん建てたら動かない．

　そういう意味で構造という概念は，なんといっても動的ではなくて，静的なわけです．ここにやはり構造という概念の持っている限界があります．構造というものでいろんなものを見ると，どうしても静的な面だけがでてきて動的な面がだんだん影がうすくなってくるおそれは十分にある．

　たとえば構造を持っていて，しかも，その構造が常に変化しているようなものがある．これは生物の身体がそうだと思います．生物の身体はじつに複雑な構造を持っている．これは単なる細胞が雑然と集まっている集合ではない．それがじつに複雑な相互関係で結びつけられている．生物の身体ほど複雑な構造を持っているものはない．しかも，それは常に変化している．人間のばあいには，生まれたり成長したり，あるいは死んだりしている．昆虫の身体

は変態もする．常に変化している．

　つまり本来の構造というのは動かない．空間的ではあるけれども時間的ではない．ところが，実際のものは構造を持っていて変化する．つまり時間的に変化する．だから構造ということだけを考えてゆくと，どうしても空間的な面だけが強調されて，時間的な面がおろそかにされるという傾向は十分にあるのです．

　建物を理解するのには都合がいいが，生物の現象を理解するのにはどうしても不足である．生物は変化している．こういった点でやはり空間的であって時間的でもあるような，両方を兼ねているような概念が新しく生まれてくる必要があるのではないか．そうしないと動的な面がどうしてもおろそかになる．

群

　そういう考え方をある程度満たしているようなものとして「群」という概念があります．この群という概念は現代になってでてきたのではなくて，もう少し前です．19世紀の初めごろ．この群という概念を使って非常にめざましい成果をあげた人はガロア（1811-1832）です．

　ガロアというのは，近頃たいへん有名になって，『ガロアの生涯——神々の愛でし人』という伝記が再版され，ずいぶんたくさん読まれたと思います．1811年に生まれ1832年に死んでいますから20歳で死んでいる．彼は群という

考えを数学の中へ持ちこんでたいへんめざましい成果をあげた．しかし，ガロアの伝記の中にはガロアがやった数学的な説明はあまりされていない．たいへん残念なことである．偉い数学者というだけで，どんなことをやったか，あんまり説明していない．説明しにくいのかもしれないけれども，この点がものたりなかった．

ではいったいどういうことをやったのか．群とは何なのか．群とは，ある意味で，さっきいった代数的構造の一種である．あるいは代数的構造の中の最も典型的なものだといってもいいかもしれない．しかし，そういっただけではあまりわからない．

群というのは何らかの操作の集まり．操作というのはオペレーションとでもいいますか，何らかの手続きをいいます．たとえば例をあげますと，われわれが上着を脱ぐ，あるいは上着を着る．これは一つの操作である．上着を着るという操作が一つだと，それの逆の操作が上着を脱ぐという操作である．レイン・コートを着るという操作がまた別にあると，レイン・コートを脱ぐという操作はそれの逆の操作である．だから，ある操作と，その逆の操作を続けておこなうと何もしなかったのと同じになる．当然ですね．東京から大阪へ行くという操作と，大阪から東京へくるという操作は逆の操作である．

それから二つの操作を連結する．つないでやる．たとえば，上着を着るという操作と，レイン・コートを着るという操作を二つつなぐと，上着とレイン・コートを重ねて一

度に着ているのと同じ操作になってくる．右へ1メートルだけ移動するという操作と，右へ2メートル移動するという操作を二つつなぐと，右へ3メートル移動したのと同じになる．これを「操作をつなぐ」といいます．

こういうことがお互いにできるような操作の集まりを群という．必ずその群の中には逆の操作が含まれている．この操作の集まりということは出し抜けにいわれるとわりにわかりにくいのですけれども，ある程度わかればたいしたことではありません．たとえばテレビのダイヤルが仮に12だけあるとすると，このダイヤルを右に2だけ回すという操作，1だけ回すという操作，2だけ回す，3だけ回す……．12回すのは何もしないのと同じだから，これは0だけ回す．結局，操作の集まりが12あるわけです．2だけ右に回す操作の逆は左へ2だけ回す操作です．これを二つくっつけて，2だけ右へ回すのと3だけ右へ回すのをくっつければ5だけ右へ回すことになる．

つまり，二つの操作を結合して第三の操作が出てくるから代数的構造である．二つを組み合わせて第三のものが出てくる．こういう操作というものを考えることによって数学の中にたいへんだいじな方法が見つかったわけです．

解剖法と打診法

これは簡単にいうと，何かの構造を知るためにそれを動かしてみる．ある操作でそれを変化させてみる．そうし

て，どう変化するかを見て，そのものの構造を知るというやり方です．簡単な例を挙げると，八百屋さんにスイカがある．中がよく熟しているかどうかというのをみるのに，素人がやるならば割ってみるのがいちばんよろしい．割ってみれば簡単にわかる．馴れた八百屋さんは，そんなことはしないで，スイカを外から叩いてみる．スイカを振動させて，そこから出てくる音で打診するわけです．スイカを割ってみる方法を解剖法と仮にいうとすれば，叩いてみるのは打診法です．人間は打診によって，中を見ないでもいろんなものの構造がよくわかる方法をいろんなところで知っているわけです．お医者さんが患者のおなかがどうなっているかをみるのに打診をする．うまいお医者さんは打診するだけでたいていわかる．これがいちいち解剖しなければならないのではたいへんだ．おなかが痛くなってお医者さんに行ったら，じゃあ，おなかを切ってみましょう，とやられたのではかなわない．解剖がやれないときは打診する．ちょうど群論は打診法にあたるわけです．ものをある操作でもって動かしてみる．その動き方でその構造を知る，こういうやり方がでてきた．

あるいは地面の下の地質の構造がどうなっているのかを知るのに，最近では人工地震を起こして，その地震の波の伝わり方で地質を逆に判定する．これなどまさにスイカを叩いてみて中を知るというのと似た考えです．群論はだいたい，そういう考えです．

この考え方をガロアは代数方程式を解くのに適用した．

そして完全にこの問題を解いた．代数方程式は，みなさんが中学で2次方程式まで学んだ．2次方程式のつぎには3次方程式が必要になる．つぎは4次方程式．4次方程式まではいちおう解けた．5次方程式になるとどうしてもうまくゆかない．たし算，ひき算，掛算，割算と根号を使って解く．何乗根という．これでやってみようと思ってもどうしてもできない．そこで，これはいくらやってもできないのではないかという疑問が起こってきた．そういう問題に対してガロアは，この群の考えを使って，5次方程式以上は，たし算，ひき算，掛算，割算，それから根号の有限回の組み合わせではどうしても解けないということを証明した．そういうやり方で解けるためにはどんな条件がなければならないかという条件も出した．5次方程式はその条件に当てはまらないのです．これで群論というものがこんなに威力があるということが初めてわかった．

　そして，この群論の考え方がほかの部分にたくさん使われるようになった．だいぶあとになって幾何学の研究に使われるようになった．これは図形をやはり変化させてみる．動かしたり伸ばしたり縮めたりすることによって図形の性質を知ろうというわけです．

　最近では，物理学で原子の中のいろいろな状態を知るためにやはり群論を使ってうまく成功するのです．群論というのが何らかの構造を知るためのたいへん強力な手段になった．この群論というのは，ある意味では静的ではなくて動的な方法です．動かしてみるのですから．

図 25

建物の組み立てつまり建築も一つの構造ですが，この構造を研究するとか，あるいは壁紙の模様をつくってゆくとか，あるいは着物の模様をつくるとか，こういったものにも群論がたいへんうまく使われています．つまり図25のような模様があります．模様といっても写実模様ではなく幾何学模様のことです．これは同じ部分が何回もくり返すわけです．この模様全体を左や右に移動してもそれによっては変わらないのです．あるいは，線に対して完全に折り返しても変わらない．しかし，ある線について折り返すと変わってくる．どういう動かし方をしたら変わらないかというようなことから，模様をいろんないくつかのタイプに分けることができる．だいたい，こういうのは17種類あるということになっていますが，そういうものがわかると一部分だけ書けば，あとはそれを動かしてひとりでに全部ができちゃう．こういったことが群論を使うことによって

たいへん見通しよく処理できるのです.

こういう模様の構造の研究に群論を使うということが, 最近になって——最近といっても50年ぐらいにはなるでしょうが——行なわれていく. デザイナーにも群論が必要になってきております. 10年以上前ですが, ぼくはあるデザイナーの若い人のグループに行って, 二, 三回, 群論の講義をしたことがあります. その中には, そのころはかけだしだったけれども, 今では有名なデザイナーがたくさんいます. 群論が何かの役に立ったのではないかと思う. 要するに, 模様は一つの構造である. それを動かしてみることによって性質を知ろうという考えです.

群論がそういうところへも使われているということを知りたい方には, ヴァイル Weyl, Hermann (1885-1955)『シンメトリー』(紀伊國屋書店) という本があるので, 興味のある方は読んでごらんになるといい. これは絵だとか模様といったものの中に, 群論がどう使われているかということをわかりやすく説明してあります.

群の話をくわしくやると, それだけで2時間でも3時間でもたってしまいますが, 群というのは構造を動かすことによって知ろうという打診的な方法です. 解剖的な方法ではなくて打診的方法である. それは数学の中でいろんなところへ使われているということがいえると思います.

数学勉強法

　現代の数学の特徴をいちおうお話ししたつもりですけれども，十分におわかりいただいたかどうかわかりませんが，はじめにもいいましたように，現代の数学のほうが近代の数学よりかえってわかりやすい面がある．つまり数学の既成のいろんな知識を知らない人にでもわかる．むしろ，そんなことを知らないほうがよろしいという．つまり常識に数学はだんだん近づいて来たということがいえると思う．だから自分は学校時代にサイン，コサインをよく覚えられないで点が悪かったから，おれは数学はだめだと思っている人でも，現代数学の考えの中には，サイン，コサインなど何も使っていないのですから，そんなものは忘れたっていいのです．自分は数学ができなかったといっても，学校でやっていたのはじつは近代の数学までで，仮に学校の点が悪くても，それはあんまり関係ない．そういうことはいちおうご破算にして現代の数学の勉強をはじめても，けっこうわかるようにできている．近代までの数学を全部やらなければ現代の数学がわからないということにはなっていない．現代の数学をやるのに，サイン，コサインから2次方程式まで全部勉強してかからないと追いつかないと考えるのは間違いであって，そんなものはあとからでもいいのです．本当にやりたければ，そんなものは棚上げして，いきなりとっついてもわかる部分がある．それは数学以外のいろんな領域に使うとたいへん有効であるといえ

ると思う．

　さっきいったように，構造という考え方が心理学，言語学，文化人類学，こういったものにたいへん応用されている．よその人は，数学から学んだのではない，おれたちは自分で考えたんだ，といわれるかもしれないし，あるいはそれが本当かもしれないけれども，数学の側からいうと，あれは数学の構造と同じ考えだということがいえると思う．たいへん応用範囲が広いのです．

　つまり数学は，近代まではだいたいが数の学問でそれがそのまま数学であった．数学という名前は，近代まではたいへんふさわしい名前であった．しかし，現代の数学となると，「数の学」というのは必ずしも当たらない．数も研究しますが，もっと広いものを扱っている．それがいわゆる構造である．だから数学というのはある意味では構造の科学だといっていいかもしれない．そのほうがもっと現代の数学の特徴をよく表わしている．数学という名前そのものが少しばかりふさわしくないものになってきている．数が出てこなければ数学ではないかというと，だいたい，今まではそうだったけれども，これからはそうではない．構造が出てくれば数学が始まったんだといってもいいくらいです．そういう意味で現代になってから数学はかなり変貌したのです．

　もちろん，構造という考えが古代にはなかったか，大昔にはこんなものは全然なかったかというと，それは決してそうではない．見方によっては初めから構造があったんだ

ということがいえないことはない．なぜかというと，2＋3＝5 であるということは，みかんを二つと三つ足してもみかんが五つになることや，りんごを二つと三つ足してもりんごが五つになる．あるいは鉛筆を二本と三本足しても鉛筆が五本になるように，いくらでも例があります．じつは 2＋3＝5 というのは，ものは違うけれども計算の型は同型なんだ．その同型なものを代表しているのが 2＋3＝5 なんだと考えると，構造という概念がすでにあるといってもいいわけです．同型という考えはすでにある．だから大昔から数学は構造の学問であったといえないことはない．しかし，そういう面はたいへん顕著ではなかった．ただ，考えようによってはそう考えてもいい．

「変貌する」というのはそういう意味で，顔つきは変わってきたが，中身は案外変わってないのかもしれない．だから「変貌する」ということばはわりあいにうまいことばだと思う．これからも数学はまたいろいろ変貌するかもしれない．将来はいまだいじでない概念がいちばん顕著に見えてくるかもしれない．数学は変わるといっても，2 たす 3 がもとは 5 だったのが，だんだんゆくと 6 になるという意味ではない．ただ，その見方がいろいろ変わってくる．そういう意味です．

だいたい，古代から現代までの数学の変わりようというものを時間の許すかぎりお話ししたつもりです．数学というものを，おれは数学は苦手だ，数学というものはもうやってもだめだ，というふうにお考えになっているとしたら

たいへんな間違いであって,数学というのは非常に簡単な学問である.急所さえつかめばたいへん簡単な学問であると,そういうふうにお考えになって,もう一回勉強してみよう.そのためには古いことはいちおう棚上げにして現代の数学からとっついたほうがいいと,そういうふうにお考えになる方が一人でもあったら,たいへん話しがいがあったということになります.

現代数学への招待

本稿は雑誌『数学セミナー』（日本評論社）の1963年8月から翌年10月まで，15回にわたる連載である．『数学セミナー』は，遠山啓・矢野健太郎両氏の責任編集で1962年に創刊されている．この連載は創刊1年目を迎え，同誌を盛り立てる意気込みがこめられている．

現代数学への招待

1

　私たちの年齢の数学者が大学で受けた教育は古典的なものであった．旧制高校でやった微分積分の延長のようなものであったから，大学に入ってもたいした違和感を感じなくてすんだ．

　そういう教育を受けた人間にとって一つの衝撃を与えられたのはファン・デル・ヴェルデンの"Moderne Algebra"であった．この本の初版は1930年にでているので，私がそれに接したのは，その翌年か，翌々年であったろうと思われる．

　この本をはじめて読んだとき，私がまっさきに考えたことは，つぎのようなものであった．

　「いったい，これは数学だろうか？」

　この黄色い本の与えた衝撃は大きく，それまでに学んだ数学に対する疑惑をよび起こすのに十分であった．

　この本のあとに読んだのがフレシェ（Fréchet）の『抽象空間』（Les espaces abstraits）であった．この本は1928年に出ているが，当時としては位相空間論についての唯一の本であったように思う．

その後アレキサンドロフ・ホップの『トポロジー』などのようによく整理されたものもでたが, このフレシェの本はまことに読みにくい本で, 証明もほとんどなく, どちらかというと総合報告のような本であった. だからその本を読んでいくには自分で証明を考えながらついていかねばならなかった.

　この本もファン・デル・ヴェルデンの『現代代数学』と同じような衝撃を私に与えた. それまでに数学という学問について抱いていたイメージを根本から打ちこわされたが, その当時としては, それにかわる新しいイメージを形造ることはまだできていなかった.

　こういうことを私より新しい世代の数学者は経験しなかっただろうと思う. はじめから新しい立場の教育を受けているので, 私が経験したような違和感を感じなくてもすんだことと思われる.

　そういえばファン・デル・ヴェルデンの本の最新版は "moderne" という形容詞をとって, ただの "Algebra" となっているようである. ということは 30 年むかしには新しく異端的であったものが, 30 年間に主流になってしまって「代数学」そのものを名乗ることができるようになったということであろう.

　「現代代数学」や「抽象空間」で代表されるような現代数学は 19 世紀までの数学とはかなりちがっていることはたしかであり, 19 世紀までの数学によく通じていればいるほど, 現代数学に接触したときの違和感はつよいだろう. し

かし，べつの面からみると，数学の専門家でない素人にとっては，現代数学のほうがわかりよいということも，かえってあるように思われる．

　現代数学の考えかたのなかには，あまりにも専門化してしまった数学をもういちど常識に引きもどすというような一面をもっているからである．

　そのことを理解したかったら，19世紀の数学が達成したもっともすばらしい理論をとりあげてみるとよい．たとえば複素変数関数論をとってもよい．楕円関数からアーベル関数や保型関数までの発展をたどっても，そこには素人の人に理解できそうなものは一つもない，といってよい．またガウスにはじまる整数論の発展のあとをふりかえってみても，それはあくまで数学内部におけるものということができる．類体論についても，その理論の深さを素人にわかってもらうことは不可能であろう．1955年に東京で整数論の国際的シンポジウムがあったときの話である．私の知り合いのある新聞記者が何かおもしろいネタはないかというのでアルチン（Artin）やヴェイユ（Weil）の講義をがまんして聞いていたが，終わってから，「これは全然ネタにならない」といって失望して帰ってしまったことがある．おそらく整数論ではそうであろう．

　しかし，現代数学となると，必ずしもそうではないように思える．それは，あまりにも専門化してしまった数学を，もういちど常識に引きもどし，かえってそれを専門外の人にもわかりやすいものにした，という一面をもってい

る．だから，現代数学にはじめて接触しても，素人の人はかえって衝撃をうけないで，それは，あたりまえの考えではないか，という印象をもつかも知れない．

元来，考え方の変革というのは多かれ少なかれ価値の逆転を行なうものであるから，既成の知識のストックを多くもっている人ほど失うところが大きいのは当然といえば当然であろう．

構想力の解放

現代数学のもっている大きな特徴は，数学という学問のもっている行動半径を，これまでとは比較にならないくらい拡大したことであろう．これまでは，数学の分野にはとても入れてもらえないようなものまで，数学の仲間に入ってきた．そのわけは一言でいうと，人間の構想力を思いきって自由にしてしまったからだといえる．

人間が構想力によって新しいものをつくり出すということはいったいどういうことであろうか．たとえば近ごろめざましい進歩をとげて，これまでになかった新しい物質をつぎつぎにつくり出してくれた有機合成化学のやり方にしても，それは無から新しいものを創造しているわけではない．これまであった物質の組みかえをやっているにすぎないともいえるのである．

その点では主婦が料理をつくるのと何もちがったところはないだろう．たとえばコロッケをつくるのにはジャガイ

モや肉をすりつぶして，それを団子にするのであるが，これも原料であるジャガイモと肉をいちど分解して，それを再構成しているだけのことである．

　コンクリートで家をつくる仕事にしても，もとはといえば石灰岩をうちくだいてセメントにし，セメントの粉を再結合して一定の形の家をつくるのであるから，ここにも分解と再構成の過程が行なわれている．

　ただ分解と再構成にも，その程度にはいろいろあり得る．たとえば子どもが積木の家をこわして，同じ積木で汽車をつくったら，それも分解と再構成にはちがいないが，化合物を分解して合成する化学者のそれとは雲泥の差がある．積木は大きいものであって，分解も再構成も楽にできるが，化学者の仕事は原子という極微の世界までおりていかねばならないし，分解も再構成も簡単にはできない．

　芸術家の仕事にも，やはり分解と再構成という手続きが大きい役割を演ずる．複雑な音をいちど単純な音に分解して，それを自分の構想力によって再構成するのが作曲するという仕事であろう．composeというコトバは「構成する」という意味と「作曲する」という意味をもっているが，本来は同じことなのである．

　絵かきの仕事もおそらくそうであろう．ただ自然主義的な絵では，ありのままに描くという意味もあるが，しかし写真とはちがって，やはり分解と再構成が何ほどかは必ず行なわれているにちがいない．ところがアブストラクトの絵になると分解と再構成の手段が大胆に意識的に使用さ

れ，その結果ありのままとは似ても似つかない絵が生まれてくる．

　抽象絵画の理論づけをしたカンディンスキーは『点，線，面』（西田秀穂訳，美術出版社）という本の中でこの分解と再構成という考えを強く打ち出している．幾何学では分解を極度まで進めていった究極の要素としての点から再構成を進めていくが，カンディンスキーも幾何学とは異なった意味ではあるが，やはり点から語りはじめる．

　図形を点にまで分解してみるのは，分解することが目的なのではなくて，再構成の自由をいっそう多くかちとるためである．あるいは人間の構想力を解放するためであるといってもよいだろう．

　このような考えを映画に適用したのがモンタージュの理論であろう．

　エイゼンシュテインは

　　　モンタージュ的思考は分化的に感覚することの頂点であり，「有機的な」世界を解体することの頂点であって——数学的にまちがいなく計算をなしとげる道具・機械といったものの形をとって，新たに実現されている．（『映画の弁証法』角川文庫）

　このように分解と再構成，もしくは分析と総合という操作を意識的に使用する抽象芸術と同じ方向をとっているのが現代数学でいう公理的な方法であろう．

構造

 もちろん数学は芸術ではないから,抽象芸術とあらゆる点で同じではない.芸術であるからには,いくら抽象的とはいっても感性をはなれては成立しないのであるが,数学はもともと感性からはなれて知性だけで成立することができる.たとえば△ABCというとき,その三角形がどんな色をもっているか,どんな重さをもっているか,ということは問題にしていない.そういう意味では感性から独立して考えられたものである.まず△ABCを考えるときには,それが3つの線分からできていることが考えられるであろう.そのつぎには,その3つの線分がどのように結びついているかに注目するにちがいない.同じ3つの線分とはいっても,バラバラになっていることもあろうし,一点から放射線形にひろがっているばあいもあろう.

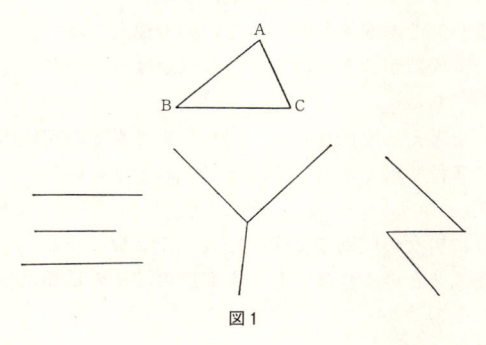

図1

そう考えると結びつきの仕方は千差万別でありうる．そのように各種各様の結びつき方のなかで「2つずつ端が結びついている」という仕方で結びついているのが三角形なのである．
　こう考えると，三角形という，ごく簡単なものでも，つぎの2つの側面をもっていることがわかる．
　　(1) 何からできているか．
　　(2) それらはお互いにどう結びついているか．
　もう一つ図形ではない別の例をとってみよう．たとえばここに3人家族があったとしよう．この家族を考えるときもやはり同じような順序にしたがって考えていくだろう．
　　(1) 何からできているか．つまり，どんな人間から構成されているか．
　　(2) それらはお互いにどう結びついているか．つまり続柄はどうなっているか．
　(1) を考えるときは (2) はひとまず伏せておくだろうし，また，その家族と親しくない赤の他人には，誰と誰がいてその人数が3人であることのほかは続柄などわからないものである．
　(2) を考える段になると，同じ3人でもその家族構成はじつに多種多様である．系統樹で表わすと，いろいろある（図2）．
　それに男女の区別まですると大へんな数になる．
　つまり3という数は同じでも家族の続柄の種類は多数あるといえる．

1

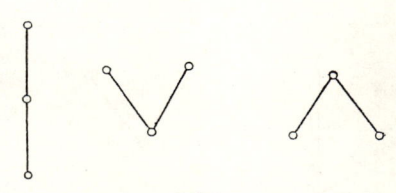

図2

　このさい家族の続柄を考えに入れた総体を家族の「構造」と呼ぶことにしよう．ここでいう構造とは一般的にいうと相互関係をもつ何かのものの集まりであるといってよいだろう．

　現代数学でいう「構造」とはそのようなものであると考えておいてよいだろう．

　だからそれを考えていくには三角形や家族を考えたときと同じように2つの段階をふむ．

　(1) 何からできているか．
　(2) それらはお互いにどう結びついているか．

　もちろん (1) を考えているときは (2) は伏せておく．しかし (2) を考えるにはどうしても (1) を通過しなければならない．

集合論

　このように構造を考えていくには，その準備として相互関係のないバラバラのものの集まりをまず考えておく必要

図3

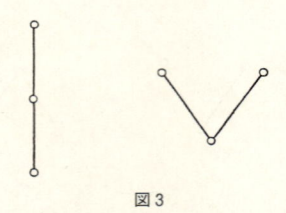

がある．そのような段階に当たるのが集合論である．つまり，集合論はあらゆるものの相互関係を無視して，それをお互いに無関係な原子の集まりと見る立場をとる．それは分析を徹底的に押し進めたものであって，その意味で原子論的であるといえるだろう．

たとえばつぎのような2組の3人家族があるとしよう．

一方は{祖父,父,長男}であり，一方は{父,母,長女}であるとする．系統樹で書くと，図3のようになる．

しかし集合論にとっては家族の構造は問題ではなく3人家族の3という数だけに興味があるのである．だから集合論の見地からすると，上にあげた2組の家族は同じように見なされてしまうのである．またお互いに赤の他人が3人同居していても3人であることには変りがないから，集合論の立場からは同じである．

ただし3という数にだけは集合論は興味をもっているが，その3をどうして考えるだろうか．

上の例でいうと2組の家族をならべてみて，その構成メンバーのあいだに1対1対応をつけてみればよいのである

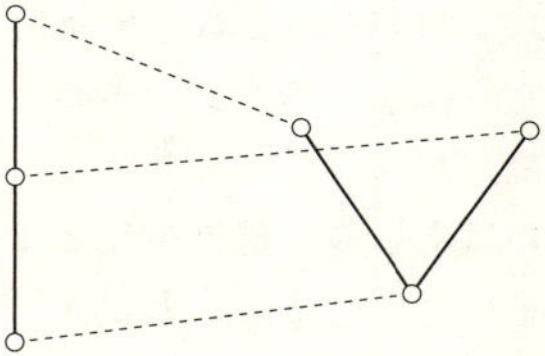

図4

（図4）. 1対1対応というのは一方の家族の1人に他方の家族の1人が対応し, 2人は対応しないような何らかの対応であればよい. それは2組の家族が会合してテーブルをへだてて1人ずつ向かい合ってすわる, というのでもよい.

ここで1対1対応というのは裏からいうと, 親は親に, 子は子に対応する必要は少しもないのである. つまりその対応のさせ方は「家庭の事情」を無視してさしつかえないのである.

これだけの注釈をつけないと1対1対応の意味は本当にはつかめないだろうと思う. つまり家族の構造を無視して, 一方の家族から勝手に1人を引っぱり出してきて, もう一つの家族のこれも勝手に引っぱり出してきた1人と対応させてもよいのである.

このように1対1対応をつける, という手続きのなかにはすでに構造を無視するか, もしくは構造を破壊するというねらいがはじめから, かくされていることに注意してほしい.

このような1対1対応をもとにして集合論という数学の新しい部門をつくり出したのがカントル（1845-1918）という数学者であった.

集合論のねらいはあらゆる構造をひとまず解体してそれをバラバラの原子にしてしまうことにあったが, しかしそれは最後の目標ではなく, 第1段階にすぎなかったということができる.

歴史的にいってもカントルの集合論は1870年代に現われたので, 現代数学のきっかけをつくったヒルベルトの幾何学基礎論などより20年以上早くでている. それは, まことに自然な成り行きであって, カントルの集合論は（1）の分析の段階にあたり, ヒルベルトの幾何学基礎論は（2）の総合にあたるからである.

だから, カントルの集合論だけ勉強して, それで終わりにしたら, 中途半端であって, その真の意図を誤解するおそれがある. 長編小説を半分で止めたようなものである.

集合論は徹底的に原子論的な立場をとることによって, それ以後の数学に思考法の革命をもたらしたが, 集合論の分析的方法そのものがまったく新しいものだというのではない. 分析とか総合というのは人間の思考そのものの基本的な働きであって, パブロフは大脳のもっとも重要な機能の一つとして分析と総合をあげているくらいである. そういう意味ではもっとも古い考え方であるともいえるくらいである.

たとえば2000年むかしのユークリッドの幾何学は図形

を点, 直線, 平面に分解し, それを再構成することによって, 図形のかくれた性質を明らかにしていく, という方法をとっていた. そこには分析と総合の方法が鮮やかに適用されている.

しかし集合論はそれをさらに徹底的にやった. そこに新しさがあるのである. 直線や平面で止まることに満足しないで, それをさらに点にまで打ち砕いてみなければ承知しなかった.

そこに集合論の新しさがあった.

現代数学への招待

2

集合論の創始者

あらゆる発見は, それが偉大であればあるほど, あとからみると, 当り前にみえてくるからふしぎである. 集合論もやはりそのような発見の一つであったと思われる.

集合論の創始者カントルもやはりそういう大きな革命をもたらした人にふさわしい波瀾にみちた一生を送った.

集合論が数学のなかで市民権を獲得するまで, カントルは多くの論敵とはげしい理論闘争を行なわねばならなかった. そのなかで最大の敵はクロネッカー (1823-1891) とポアンカレ (1854-1912) であった.

クロネッカーはもともと無限というものをみとめない「有限主義」(finitism) ともいうべき立場に立っていた人であった. 彼は今クンマー (1810-1893) やデデキント (1831-1916) と共に今日の代数的整数論の基礎をつくり上げた人であるが, 彼の仕事にはそのような立場が色濃くにじみ出ている.

たとえば, ある多項式が既約であるかどうかを, 有限回

の演算で判定する方法などはいかにもクロネッカーらしい発想である．（ファン・デル・ヴェルデン『現代代数学』（上）銀林浩訳，p.104-105参照）

　また代数的整数論でも無限の数の集合であるイデアールを考えたデデキントとはちがって，ある形式的な多項式の係数の集合（もちろん有限集合である）をとるのがクロネッカーの方法である．この二つは「内容」（Inhalt）という概念によって結びつきはするが，やはり無限を積極的にとり入れようとするデデキントと極力，無限を避けて有限にとどまろうとするクロネッカーの考え方の対立は鮮やかにでている．（高木貞治『代数的整数論』参照）

　デデキントのイデアールは考えの上ではやさしいが，計算の上ではクロネッカーの方法に助けを求めなければならないばあいが多い．この二つの方法は相補う立場にあるといってよい．

　このようなクロネッカーが無限というものが，たんに可能性としての無限ではなく，現実に存在するということ，つまり「実無限」（das aktuell Unendliche）という考えを大胆に押し出してきたカントルの集合論の出現を黙って見逃すはずはなかった．彼が辛らつな攻撃を加えたのは当然であった．

　ポアンカレもクロネッカーとは同じ立場ではなかったがカントルの論敵であった．ポアンカレの批判は『晩年の思想』や『科学と方法』（ともに岩波文庫）にのっているのでそれを読まれるとよい．

それについてバートランド・ラッセル（1872-1970）がつぎのように書いている．

この二人（ワイヤーシュトラスとデデキント）よりも重要だったのはゲオルク・カントルだった．彼はその驚くべき天才ぶりをしめした画期的な仕事において，無限数の理論を展開した．この仕事は非常にむずかしく，長い間私には十分わからなかった．それでノートにほとんど一語一語写し取った．このようにゆっくりした進み方が，カントルの仕事を一層理解しやすくすることがわかったからである．そうしながら私は，彼の仕事に対して，誤りはあるがすぐれた主張をもっていると思った．だが，終わってみると，誤りは私の方にあって彼の方にはないことがわかった．カントルはきわめて異常な人間で，数学での画期的な仕事をしていないときには，ベーコンがシェークスピアを書いたことを証明する本を書いていた．彼はこれらの本のうちの一冊のカヴァーに「私は貴兄の標語がカントあるいはカントルであることを知っている」と書き込んで，送ってよこした．カントはかれにとって化け物だった．私によこしたある手紙で，彼はカントのことを，「あそこに数学を知らない詭弁家的俗物がいる」と記した．彼は非常に喧嘩好きの男で，フランスの数学者アンリ・ポアンカレと大論争している最中，「僕は負けやしないぞ」と書いてきたが，実際その通りになった．かえすがえすも残念なことに，私は彼に会わな

いで終わった．ちょうど彼と会ったはずのときに，彼の息子が病気になって，彼はドイツに帰らねばならなかった．（「自叙伝の六章」バートランド・ラッセル著作集第1巻，p.26，みすず書房）

なおカントルの伝記はE.T.ベル『数学をつくった人びと 4』（数学新書，東京図書）の最後の章にある．

カントルが無限の理論をはじめて発表したときははげしい抵抗を受けたが，今から考えてみるとそれも当り前のことに思えてくる．

自然数全体は無限の数からできているし，また直線を点に分割すると無限個の点になる．そのほか数学では至るところ無限にぶつかる．だから無限についての本格的な理論は当然なければならなかったのである．その当然のことをカントルは遂行しただけだといえないこともない．

ともかく彼は集合論をきずき上げるために，大きな犠牲を払ったのである．ラッセルは彼を喧嘩ずきの男であるといったが，ベルによるとひどく神経質で気の弱い人であったという．要するにそういう両面をもった人だったのであろう．

集合数

集合論を学んで誰でもはじめに感ずるのは，その理論にふくまれている逆説的な内容であろう．有限の世界ではとうてい起こり得ないことが，無限の世界ではいくらでも起

こるということである．そのことをあらかじめ断わっておきたい．

集合数というのは有限集合の個数を無限集合に拡張したものにすぎない．

有限集合の個数というものをわれわれは知り過ぎるほどよく知っていて，これ以上考え直す余地はなさそうであるが，無限集合に拡張するためには，なおいっそうくわしく検討してみる必要がある．

有限集合については知り過ぎるほど知っているとわれわれが思いこんでいるのは，数詞を知っているからであろう．

$$1, 2, 3, 4, \cdots$$

という数のコトバを知っていて，有限集合の要素の一つ一つに $1, 2, 3, \cdots$ というコトバを対応させていく操作，つまり「数える」という操作ができるから，有限集合の個数はたやすく求めることができる．

しかし「数える」という操作はいったいどういうことであろうか．

それはたとえば皿の上にあるミカンと頭の中にある $1, 2, 3, \cdots$ という数詞のあいだに1対1の対応をつけることである．

図5

図6

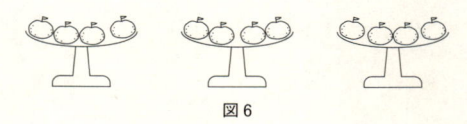

　4で終わったら，この個数は4であるということになるが，このとき，皿の上のミカンはどんな並び方をしていてもよい（図5）．あるいは二つ三つ……の集団に分れていてもよい（図6）．

　つまり4つのミカンがどういう「構造」をもっていても4個という個数にはかわりがない．つまり4は構造とは無関係な概念である．

　また，1,2,3,…と数えるときには個々のミカンはどのような順序に数えてもよいのである（図7）．

　その順序は $4! = 24$ 通りあるが，どの順序でも答は4である．つまり，どのミカンを1，どのミカンを2とみてもよいということである．このことは皿の上のミカンがみな等質のものとみなされていることを意味している．つまりミカン同士は個性のないものとみなされていることに他ならない．

```
1 3 2 4
4 3 2 1
1 2 3 4
```

図7

図8

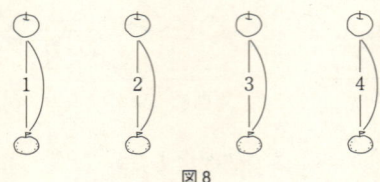

つぎに 1, 2, 3, 4, … という数詞はミカンばかりではなくリンゴの集合にも，カキの集合にも平等にあてはめることができる．

つまり，1, 2, 3, 4, … という数詞をなかだちにして，1つのミカンと1つのリンゴが対応することになる（図8）．だから，数詞というなかだちをとり除いてみると，ミカンの集合とリンゴの集合が1対1対応しているわけである．

つまり4個という個数は1つのミカンを1つのリンゴでおきかえても変わらないことを意味している．

あらかじめこれだけのことを分析しておくと，無限集合の個数にうつることができる．

有限集合には数詞が使えたが無限集合にはまだ数詞というものがない．だから数詞ぬきで「個数が等しい」ということの定義を考え出さねばならない．

有限集合のときは二つの集合が同じ個数である，ということは，その要素のあいだに1対1対応がつけられるということであった．この定義をそっくり，そのまま無限集合にも拡張すればよいのである．

二つの無限集合 A, B の要素のあいだにある方法で過不

足なく1対1対応がつけられるとき，A, B は同じ濃度をもつとか同じ集合数をもつといい，
$$A \sim B$$
とかく．濃度というのは個数を無限集合へ拡張したものと考えてよい．～ は ＝ としたいところだが，集合そのものが等しいのではないから ＝ は使わないで少し遠慮して ～ という記号を使ったのである．

～ は ＝ と同じではないが，＝ と似た性質をもっている．

(1) $A \sim A$．（反射的）

これは A の要素にそれ自身を対応させればよいのだから，当然である．

(2) $A \sim B$ ならば $B \sim A$．（対称的）

1対1対応は A から B へ考えても B から A に考えてもよいからである．

(3) $A \sim B, B \sim C,$ ならば $A \sim C$．（推移的）

これは B をなかだちにして A と C が1対1対応がつけられるということである．

これで ～ は ＝ とよく似ていることがわかった．

このような ～ によって無限集合の「個数」つまり濃度や集合数という概念が定義されたことになる．しかしこれだけではあまりたいしたことはない．もっと具体的にいろいろの無限集合にこの考えを適用してみなければならない．

可算無限

無限の集合のなかでもっともしばしばでてくるのは 1, 2, 3, 4, … という自然数の集合である．これと同じ集合数をもつ集合を可算無限（可付番ともいう）であるという．これは 1, 2, 3, … と数えていくことができるからである．数えつくすことはできないが，集合のどの要素にも必ず自然数の番号がつけられることはたしかである．

その可算無限の無限集合は非常に多い．

たとえばすべての整数の集合もそうである．整数は自然数，つまり正の整数のほかに負の整数や 0 を含んでいるので自然数より個数が多いと思う人もあろうが，実は同じである．同じというのは「何らかの方法で（適当な）」1 対 1 対応がつけられるということである．

図 9 のように 0 からはじめて正負を交互に番号づけしていくと，ともかく自然数と 1 対 1 対応がつけられる．式で書くと $(-1)^n \left[\dfrac{n}{2}\right]$ という形になる．ただし $[x]$ は x を越えない最大の整数である．

ところが，有理数の個数もやはり可算なのである．有理数は直線上いたるところ密にならんでいるので，自然数よ

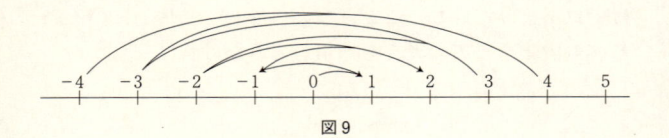

図 9

りははるかに多いだろうと思われるが、じつのところ集合数としては同じなのである。これははじめて集合論を学ぶ人々を驚かすにたる逆説的な事実である。

有理数が可算であることを証明するには、正の有理数を分母と分子にしたがって平面上の格子点に、図10のようにならべてみる（0や負の有理数も同じである）。

その格子点をジグザグに訪問していけば、ともかくすべての格子点を残すところなくまわることができるのである。ここでは $\frac{2}{2}$ や $\frac{2}{4}$ のようなものは 1 や $\frac{1}{2}$ と同じであるから、すでにでてきているはずだから、それはとばして進むことにする。その対応はつぎのようになっている。

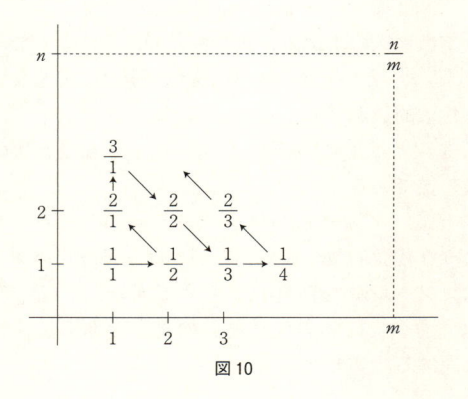

$$1 \quad 2 \quad 3 \quad 4 \quad 5 \quad 6 \quad 7 \quad \cdots$$
$$1 \quad \frac{1}{2} \quad \frac{2}{1} \quad \frac{3}{1} \quad \frac{1}{3} \quad \frac{1}{4} \quad \frac{2}{3} \quad \cdots$$

図 10

1, 2, 3, … のほうは順々に大きくなっているが、分数のほうは大小の順序がまででたらめであることに気づくだろう.

つまりこのような1対1対応は有理数の集合のもっている「大小の順序」という構造をまるで無視してできていることがわかる.

初心者を驚かす秘密はここにあると考えられる. 1対1対応というと構造を考慮に入れているものと考えがちになるので、自然数と分数とはとても1対1対応などつかないものと早合点する人が多いが、構造を無視すると、上のような対応ができるのである.

これはさらに代数的数の集合になるとさらに逆説的にみえてくる.

有理数は
$$a_0 x + a_1 = 0$$
という整数係数の1次方程式の根と考えることができる. ここで「1次」という条件をゆるめて「n次」でもよいとすると、代数的数がでてくる.

代数的数とは整数の係数 $a_0, a_1, \cdots, a_n$ をもつ n 次の代数方程式の根である.
$$a_0 x^n + a_1 x^{n-1} + \cdots + a_n = 0$$
このような代数的数全体の集合がやはり可算なのである. これはカントルが1874年にはじめて証明したものである. それは「すべての実の代数的数の集合のある性質について」と題する論文であった.

そのためによほどうまい技巧が必要であって，番号のつけ方に工夫を要する．たとえば1次の代数的数だけをはじめにとり出すと，それだけで自然数の番号がすべて終わりになってしまって2次以上が残ってしまう．だから次数に従って順々に片づけていくことはできない．

そこでカントルは係数の大きさと次数を同時に考えていくことにして，この困難をきり抜けた．そのために彼は高さ（Höhe）という概念をもってきた．
$$a_0 x^n + a_1 x^{n-1} + \cdots + a_n = 0$$
の高さというのは
$$N = n - 1 + |a_0| + |a_1| + \cdots + |a_n|$$
であって，N が $1, 2, 3, \cdots$ となるものを順々にとり出していって番号をつけたのである．N のなかには次数の n が入っているので，上記の困難はなくなる．

$N=1$ のときは，$n=1$, $a_0=\pm 1$ のときだけで $\pm 1x = 0$, $x=0$ である．

$N=2$ は，$n=1$, $a_0=\pm 2$, と，$n=1$, $a_0=\pm 1$, $a_1=\pm 1$, および $n=2$, $a_0=\pm 1$ だけで，方程式としては
$$\pm 2x = 0, \qquad \pm 1x \pm 1 = 0, \qquad \pm 1 x^2 = 0$$
である．つまり1次方程式も2次方程式も混って入ってくる．しかしとにかく有限個である．このような高さの順序にひろい出していくと，すべてがつくされる．

カントルが集合論を創始していったはじめのころはこのように数学のなかにしばしばでてくる無限集合が可算であるとか，そうでないとかを一つ一つつきとめていくことに

努力を集中したのである.

　その結果,意外なことがつぎつぎにわかっていった. しかしその意外さは1対1対応が集合の構造を無視することに起因しているといえる.

現代数学への招待
3

カントルの目標

　有限の数のあいだには加減乗除の四則や累乗のような演算が可能である．この考えを無限の集合数にも拡張することがカントルの目標であったらしい．

　有限の数は加えたりかけたりすることで新しくつくり出されていくのであるが，無限のばあいもやはりそういう演算で新しい演算がつくり出されていくにちがいない．そのようにつくり出された新しい数はどのような性質をもつであろうか．そういうことがカントルの関心を引いた．

　カントルは学界の異端者のような存在であったし，したがって論争の相手は多かったが，友人は少なかったようである．デデキントはその少ない友人の一人として彼の支持者だった．

　それでも無限というものに対する態度にはいくらかのちがいがあったようである．

　F.ベルンシュタインはつぎのようなエピソードを伝えている．

集合の概念について，デデキントはつぎのように言った．集合というものは，完全に規定されているものを入れている閉じた袋のようなもので，そのなかにはいっているものを見ることもできないし，存在していて規定されていることのほかは何一つ知ることができない，というのである．それからしばらくしてカントルは集合についての彼の意見を明らかにした．彼は巨軀をまっすぐにして立ち上り，大げさな身ぶりで手をあげ，定かならぬ方角に目をやりながら，言った．私は集合は底なしの深淵だと思っています．

　そう考えてみるとデデキントには，集合と集合を組合わせて新しい集合をつくり出していく，という積極的な態度はみられないようである．つまり彼にとって集合が1つの「閉じた袋」であるという比較はふさわしいものであったろう．

　カントルはもっと積極的に新しい無限集合をつぎつぎにつくり出していくことに興味をもったようである．そのようなカントルにとっては，集合というものが底なしの深淵にみえたことも当然であったろう．

　カントルの発見のなかで，もっともショッキングなものは，無限集合にもいろいろの程度のものがあるということであった．

　無限が，単に限界の欠如という消極的な意味にしか考えられないとしたら，すべての無限は同じにみえるかも知れない．しかし「1対1対応」という積極的な比較の手段が

考え出されてくると，無限のなかにも大小の差があり得る．

そのことをはじめて立証したのは，実数の集合が可算でない，という証明である．

実数全体を考えなくても，その一部分が可算でないことを証明しても同じことである．

そこで0と1のあいだの実数全体の集合を問題にする．この集合を M としよう．

そのような数はつぎのような無限小数に展開できる．

　　　0.335407…
　　　0.41089…
　　　……………
　　　……………

ここで背理法を利用する．まず M が可算であると仮定しよう．

そうすると，M の要素に $1, 2, 3, \cdots$ という自然数が対応することになる．

たとえばつぎのようになっているとする．

　　　1 ↔ 0.**5**30124…
　　　2 ↔ 0.2**4**8309…
　　　3 ↔ 0.72**6**284…
　　　………………………
　　　………………………

この対応の表で対角線にならんでいる数字に目をつけてみよう．

そうすると，5, 4, 6, … という数字がならんでいることがわかる．

この数字をならべると，やはり無限小数がつくられる．
　　　　0.546…
しかし，ここで必要なのはこの小数ではない．

われわれに必要なのは，これとはすべての桁の数字のちがっている小数である．

そのような数を，たとえばつぎのようなものとしよう．
　　　　0.358…
このような数は果して M のなかにはいってくるだろうか．

もしはいっているとしたら，上の表の何段目かにでてきているはずである．

もし仮に 100 番目にでてきていたとする．そうすると，他の桁はともかくとして 100 番目の数字は，表の小数と一致しなければならない．

ところが，上の数はすべての桁の数字が対角線にでてくる数字とはちがう数字でつくられていたはずである．

だから，上の数は表の何段目にもでていないはずである．つまりこの数は M には属さないことになって矛盾が起こる．

だから M は可算だという最初の仮定は誤りである，ということになる．つまり M は可算ではなく，それより大きい集合数をもっていることになる．

集合論の一つの性格

　実数全体の集合が可算でないという上の証明は集合論という学問の性格をよく物語っているといえる．

　この証明を理解するには既成の知識は何一ついらないということである．学校時代にやった数学のすべての定理，すべての公式を忘れてしまった人でも，この証明をたどっていって，完全に理解できるのである．この証明を理解するには，実数が無限小数に展開できることと，背理法（帰謬法）がわかっていればよいのである．

　そういう点では数学を勉強し直そうとする人々にとって集合論は適切なきっかけになることだろう．

　数学とは縁遠いことをやっている人でも，中学時代には代数はきらいだったが，幾何はよくできて好きであったという人が少なくない．（たとえば，かつて本誌〔1962年9月号〕のティー・タイムで岡本太郎氏がそう書いておられた）．

　そういうことが起こるのは，いろいろほかにも理由があるだろうが，幾何はそれまでの知識を忘れても理解できるし，新規まき直しにやれるからでもあろう．集合論もそれとよく似た面をもっている．

　そういう意味で，数学を新しく勉強し直してみようとする人は集合論をはじめにやりだすといいだろう．

集合の累乗

有限の数では，a^bという累乗は

$$\underbrace{a \times a \times \cdots \times a}_{b}$$

つまりaをb個かけたものである．しかし，それはつぎのように考えてもよい．

Mが$\{1, 2, 3, \cdots, b\}$という数の集合であるとする．Nが$\{1, 2, \cdots, a\}$という数の集合であるとする．

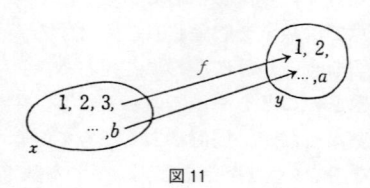

図 11

ここでMからNへの写像をfとする．

$$x \xrightarrow{f} y$$

このような写像fのすべての数を計算してみよう（図12）．

このような写像の全体は

$$\underbrace{a \times a \times \cdots \times a}_{b} = a^b$$

となる．

図12

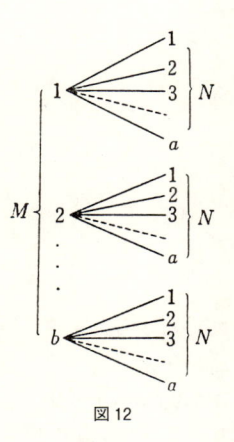

つまり，a^b は b 個の集合 M から a 個の集合 N への写像全体の数とみることができる．

そこで，この定義を逆にして，M から N への写像全体の集合を a^b と定義してもよい．

もちろん写像というかわりに，x が M の要素をとり，y が N の要素をとるようなすべての関数の集合を N^M と定義してもよいだろう．

定義をそのように逆転すると，この定義は M, N が無限集合のばあいに拡張することが容易になってくる．

そのように考えてくると，実数の非可算性ということはどうなってくるだろうか．

つぎのような無限小数

$$0.a_1 a_2 a_3 \cdots a_n \cdots$$

は別の見方からすると,

$1 \longrightarrow a_1$
$2 \longrightarrow a_2$
………
………
$n \longrightarrow a_n$
………
………

という対応を与えているから,

$M = \{1, 2, 3, \cdots, n, \cdots\}$
$N = \{0, 1, 2, 3, 4, 5, 6, 7, 8, 9\}$

としたとき, M から N への写像の1つ, つまり, M を N に写す関数の1つを与えている.

だから, このような無限小数の全体は N^M で表わされることになる.

実数の非可算性というのは N^M が M より大きいことにほかならない.

ただし, 無限小数では

$0.3999\cdots$ と $0.4000\cdots$

は等しいとみなくてはならないので, その点少しばかりの修正が必要である.

さて, この証明では10進小数ということは本質的ではなく, 一般に n 進小数であってもよいのである. そこでとくに, 2進小数に展開してみよう.

そのときは $N = \{0, 1\}$ となる.

2進小数で書くと,
　　　0.10110…
　　　0.0101110…
　　　………
というように, 0と1という数字だけでてくる.

ここでたとえば　　0.10110…
という2進小数はつぎのような写像を与えている.

$$M\begin{cases}1 \longrightarrow 1\\ 2 \longrightarrow 0\\ 3 \longrightarrow 1\\ 4 \longrightarrow 1\\ 5 \longrightarrow 0\\ \cdots\cdots\\ \cdots\cdots\end{cases}$$

つまり $M=\{1,2,3,\cdots\}$ のなかで1に対応する数の集合を P とすると, P はもちろん M の部分集合を与える.

$$P = \{1, 3, 4, \cdots\}$$

つまり1つの2進小数が M の部分集合を定めることになる.

だから, このような写像の全体を考えることは, M の部分集合の全体を考えることにほかならない.

だから, 実数が非可算であるということは, 自然数全体の集合のすべての部分集合は非可算であることを意味している.

可算な M の集合数を $\mathfrak{a}$ で表わす．$\mathfrak{a}$ は abzählbar（可算）の頭文字である．N の集合数は 2 であるから N^M の集合数は $2^{\mathfrak{a}}$ と書いてもよいだろう．

そうすると，実数の非可算性は
$$\mathfrak{a} < 2^{\mathfrak{a}}$$
という不等式で表わされる．

部分集合の集合

以上で M のすべての部分集合の集合は M より大きいことがわかった．この定理は一般化できないだろうか．

有限集合ではたしかにそのことはいえる．

$\{1\}$ のときは $\{\{\ \ \}, \{1\}\} \cdots 2^1$

$\{1,2\}$ のときは $\{\{\ \ \}, \{1\}, \{2\}, \{1,2\}\} \cdots 2^2$

....

一般に
$$n < 2^n$$
となることはいうまでもない．

ところがこれは無限集合についても成立するのである．

「ある集合 M ——有限もしくは無限——のすべての部分集合の集合 $\mathfrak{M}$ はその集合より多い」．

ここで「多い」というのは集合論の意味である．つまり，M は $\mathfrak{M}$ のある部分集合とは 1 対 1 対応するが，M の全体とは 1 対 1 対応できない，という意味である．

さて，ここで思考の流れを中断しないために，$\mathfrak{M}$ を M

から $N=\{0,1\}$ への写像としてとらえることにしよう.

$M \longrightarrow N$ という1つの写像 f があったとき，1に対応する M の要素はその部分集合となるから，$\mathfrak{M}$ は N^M とみなすことができるのである.

N の個数は2であり，M の集合数を $\mathfrak{m}$ とすると，$\mathfrak{M}$ の集合数は $2^\mathfrak{m}$ となるわけである.

だから，われわれの証明すべきことは，つぎの不等式である.

$$\mathfrak{m} < 2^\mathfrak{m}.$$

前に証明した実数の非可算性は $\mathfrak{a} < 2^\mathfrak{a}$ であったから，これは，$\mathfrak{a}$ を一般の $\mathfrak{m}$ に拡張したものである.

だから証明もまったく同じにはできないが，うまく工夫すると，類推がきくのである.

$\mathfrak{M}$ の要素は M から N への写像 f であるから

$$y = f(x)$$

という形にかける.

もし $\mathfrak{M}$ と M とが過不足なく1対1対応ができたと仮定する.

$$f \longleftrightarrow x.$$

x に対応する f を f_x で表わす.

ここで，この対応から，次のような写像 φ をつくる. φ は M のすべての x に対して

$$\varphi(x) = 1 - f_x(x)$$

となるものとする.

φ は $\mathfrak{M}$ に属するから前の $\mathfrak{M} \longleftrightarrow M$ の対応で M のある

要素 x' と対応しているはずである．
$$\varphi \longleftrightarrow x'$$
ところが x' に対応する $f_{x'}$ によって x' は $f_{x'}(x')$ に対応するはずなのに
$$\varphi(x') = 1 - f_{x'}(x')$$
であるから x' では
$$\varphi(x') \neq f_{x'}(x')$$
だから f と φ はちがった写像である．これは矛盾である．だから $\mathfrak{M}$ と M は1対1対応がつけられたという最初の仮定は誤りだったことになる．

M が $\mathfrak{M}$ の部分集合と1対1対応することはわけなく証明できる．M の要素 x と x だけからできている部分集合 $\{x\}$ を対応させればよいのである．

この証明法はよく考えてみると，$\mathfrak{a} < 2^{\mathfrak{a}}$ の証明と同じ発想法にもとづいていることがわかるだろう．

この定理はどのように大きな集合があっても，そのすべての部分集合の集合をつくると，それより大きくなることを意味している．つまり無限集合でもいくらでも大きいものがあるということである．

カントルが集合は底なしの深淵であるといったのはそういうことを指していたのかも知れないのである．つまり，$\mathfrak{a}$ から出発しても
$$\mathfrak{a}, \quad 2^{\mathfrak{a}}, \quad 2^{(2^{\mathfrak{a}})}, \quad 2^{2^{(2^{\mathfrak{a}})}}, \ldots$$
をつくっていくと，いくらでも底なしに大きくなっていくからである．

現代数学への招待
4

集合

われわれはある機械の組立てを研究しようとするには,たいていつぎのような段階で考えていくにちがいない.

(1) どんな部分品からできているか.
(2) それらの部分品はどんな仕方でつながっているか.

機械をひとまず部分品に分解してしまう第1段階が集合論にあたるといってもよいだろう. そこでは, おのおのの部分品がお互いにどうつながっているかについては, しばらく不問にしておくのである.

数学では具体的な機械そのものを研究したりはしないが, 主として頭のなかで考えられたものの組立てを研究する.

たとえば一直線を点に分解して考えてみるようなことをする. 直線は点に分解することは実際にはできない. なぜなら幅がなくて長さだけある直線は現実には存在しないし, それをまた幅も長さもない点に分解することはなおさらできない. 直線を点に分解するということは厳密にいえ

ばフィクションの世界でしかできないことである．

しかし集合論ではともかく直線を点に分解して，その個数を数えることをやったのである．

しかし，これはあくまで仕事の半分であって，あとの半分は，いちど分解した部品を，もういちどつなぎ合わせて何かを組立ててみることである．

そのような第2段階の仕事をやったのはカントルではなく，ヒルベルトであったといえよう．

カントルが，つぎにきたるべき第2段階の仕事をはっきりと意識していたかどうかはわからない．カントルのやった仕事をみると，どうもそのことははっきり意識していなかったのではないかと想像される．彼の主な目的は1, 2, 3, … という有限の集合数やその計算法を無限の集合数に拡張することにあったのではないかと思われるのである．

そういう点からみると，第2段階の仕事をはっきりと数学者の眼前にもってきたのは，どうも別の人であった．それがヒルベルトであったといえよう．

ヒルベルトは「カントルが私たちにつくってくれた楽園からだれも私たちを追放してはならない」といっている．

それはやはりこのことを物語っている．

公理

そのようにして生まれてきたのが公理主義であった．

いちどバラバラに分解された部分品を組立てるには一定の設計図がいる．ラジオの部分品を組立ててラジオをつくるには配線図がいる．この配線図にあたるのがヒルベルトの意味の公理である．

ユークリッドでは，公理は誰も疑うことのできないほど自明な事実を命題の形でのべたものであった．しかし，ヒルベルトでは，そういう意味ではなく，分解された要素を組立てる一つの設計図となった．だから，それは自明の事実である必要はなく，内部矛盾をふくんでいないという最低限の条件を満足させていさえすればよいのである．そういう意味では自由奔放に公理を設定してもよいということになった．

ヒルベルトは公理をそのように見直すことによって，数学者の構想力を思いきって解放したのである．

このことを建築家の仕事にくらべてみよう．

建築家がある建物を設計しようとするとき，彼はどのようなことを考えるだろうか．

まず，彼は自分の構想力を大胆に駆使して思いきって新しい建物を設計しようとするだろう．その点では完全な自由が与えられている．

しかし，彼は一方において重要な制限をうけている．それは力学の法則にしたがって設計をしなければならないということである．極端なことをいうと，いくら自由であっても，中空にうかんでいて柱のない建物を設計してはならない，ということである．

数学者も建築家とよく似た仕事をしている.

　彼はどのような公理, もしくは公理系をえらぶことも自由である.

　しかし一方では公理系のあいだに論理的な矛盾があってはいけない.

　建築家にとって力学の法則にあたるのが, 数学者にとっては論理の法則である.

　建築家が力学の法則にしたがう以外は完全に自由であるように, 数学者は論理の法則にしたがう以外は完全に自由である, とそれは主張する.

　しかし, そういうだけでは物事の半分しか語ってはいない.

　その自由とは何なのか.

　建築家が力学の法則にしたがう以外は完全な自由を行使してつくった建築物にもよい建築とわるい建築の区別があるし, 美しい建築とみにくい建築を見分けることはできる.

　それらを区別するものはもはや力学の法則ではない. なぜなら, よい建築もわるい建築も同じく力学の法則にしたがっているはずだからである.

　それらの区別は建築物の使用目的や美学的なものさしによって定まってくるはずのものであろう.

　数学者の設定する公理系についても同じことがいえるだろう.

　数学者が己れに与えられた自由を思いきって行使して設

定した公理系にも，よい公理系とわるい公理系，美しい公理系とみにくい公理系の区別はあり得る．その区別の基準は論理的に正しいか誤っているか，にあるのではなく，その使用目標と美学的なものさしのなかに求めなければならない．

ただ矛盾を含まないというだけなら，いくらでもちがった公理系を考えだすことができる．そしてそこには選択の基準はまだ与えられていないのである．

だからこの点を悪用すると，一人一人の数学者が勝手に別々の公理系を考え出して，一人一人が全然別の数学を研究するという危険が絶無であるとはいえないだろう．そうなると「百万人の数学」ではなく，「一人一人の数学」になってしまうだろう．

たしかにそのような危険は想像できるし，実際にヒルベルトの公理主義が現われたころに，そのような危険について警告する人もいた．

しかし，その後の数学の発展は大勢からみると，そのような危険に落ちこまないですんだのである．

たしかに公理系を設定することは自由であるが，その自由は放恣を意味しはしなかった．数学者はわれわれをとりまいている自然や社会に内在している法則に似せて，公理系を設定したからである．彼らは与えられた自由を濫用しなかったのである．

ノイマン（1903-1957）は「数学者」（The Mathematician）というエッセーのなかでつぎのように書いている．

……数学についてのもっとも本質的に特徴的な事実は，私の考えでは，自然科学もしくはさらに一般的には，経験を単に記述的な段階より高い段階で解釈するあらゆる科学に対するまったく特殊な関係である．

　数学者やその他の多くの人間は，数学が経験的な科学ではないこと，また少なくとも経験的な科学の技巧からはいくつかの決定的な点で異なったやり方で研究されていることに同意するであろう．それでもやはり数学の発展は自然科学と密接につながっている．現代数学の最良のインスピレーションのあるもの（私は最良のものと信じている）は自然科学に起源をもっている．数学の方法は自然科学の「理論的」な分野をおおい，それを支配している．現代の実験科学においては，数学的方法もしくは数学に近い物理学の方法で接近できるかどうかが成功の大きな基準となってきている．事実上，自然科学の全体をつうじて数学に向かって近づこうとし，そして科学的な進歩の考えではほとんど一致したいろいろの変種の切れ目のない系列がしだいしだいにはっきりしてきたのである．生物学はしだいに化学と物理学におおわれ，化学は実験物理学および理論物理学におおわれ，物理学は理論物理学のはなはだ数学的な形によっておおわれつつある．

　数学の本性にはまったく特殊な二重性がある．数学の本性について考えるさいにはこの二重性を理解し，それを承認し，これを消化しなければならない．この

二重の面貌は数学の面貌であって, どれほど単純化され一元化された見方も本質を犠牲にすることなしには不可能であると私は信じている.

　だから私は一元的な見方を諸君に提供しようとはしなかった. 私は数学という多元的な現象をできるかぎり記述しようとつとめたいのである…….

ノイマンのいう二重性は別のことばでいうと, つぎのように箇条書きにしてもよいだろう.

　(1) 論理的に矛盾がないかぎり, いかなる公理系を設定してもよいという自由.

　(2) 公理系はわれわれの住んでいる世界のなかにあるなんらかの法則に起源をもっている.

この二つは自由とそれを拘束する条件である.

ノイマンのいうように, これはあくまで二重性に止まるだろうか. それともこの二重性を統一するような共通の源泉が背後にひそんでいるだろうか.

人間がいくら自由奔放に空想をたくましくしても, しょせんは自然の一部分なのだから, 自然の大法則から大きく逸脱することはできない, といってタカをくくる人もいるだろう.

この二重性に統一を与えようとして, いろいろのうまいコトバを発明することはできるだろう. しかし, そういうことはたいして意味のあることではない.

ここで必要なのは数学が容易には融合しにくい二重性に貫かれているということであり, むしろこの二重性の均衡

の上に立っているということである.

しかも,その均衡は静的なものというよりは動的な均衡である. 一方が優越すれば他方がそれを追い越そうとつとめる. そういう形の動的な均衡であるといえる.

いずれにしてもヒルベルトの公理主義は数学の本性を鮮明にうかびあがらせ, それによって数学とは何ぞやという問題を新しい立場から考え直すきっかけをつくったことは否定できない.

同型性

ヒルベルトは「構造」ということばは使わなかったが, 彼の意味していたことはまさに構造というものにほかならない.

彼はフレーゲ（1848-1925）にあてた手紙のなかでつぎのように書いている.

> 私のいう点というのは任意のもの, たとえば愛, 法則, 煙突掃除人…の体系であり, 私のいう公理の全体というのは, これらのもののあいだの関係を考えているのですから, 私のいう諸定理, たとえばピタゴラスの定理も, これらのものについて成り立つはずです.

彼のいう公理というのは「何について」ということはいちおう不問に付して, いかなる型の関係が成り立つかということに重点がおかれているのである.

これと同じことを物語るもう一つのエピソードをブルー

メンタールが伝えている.

あるとき，ベルリン駅の待合室で他の数学者と討論したさいに，彼はつぎのようにいった.

　　　点，直線，平面の代わりに，いつでも机，イス，ビールのコップと言いかえてもよい.

これも，ものは何でもよい，関係の型が問題なのだ，ということを言いたかったのであろう.

たしかに「何」ということを不問に付して「いかに関係する」かに注意を向けるというのは自然の順序を無視しているようにみえる．そこのところが，専門外の人間にとって理解しにくい点であろうと思われる.

しかし，その点にヒルベルトの考えかたの新しさがあるのだといえよう.

われわれをとりまく世界のなかには不思議なくらい，同じ型の関係，同じとまではいかなくとも，類似の関係が存在している．しかもまるでちがった事物のなかに同じ型の関係が存在しているものである．またそのような事実が存在していなかったら，はじめから数学という学問そのものが生まれてはこなかったであろう.

直角三角形から生まれてきた $\sin x$ や $\cos x$ がなぜ単弦振動にもでてくるのか，ふしぎといえばふしぎである．円周率の π がなぜガウスの誤差法則に顔を出すのか.

電気のポテンシャルの微分方程式

$$\frac{\partial^2 u}{\partial x^2}+\frac{\partial^2 u}{\partial y^2}+\frac{\partial^2 u}{\partial z^2}=0$$

がなぜ，重力のポテンシャルにもでてくるのか，また流体力学にもでてくるのか．物がちがうから，法則の型も一つ一つちがってもよさそうなのに，なぜ同じ法則がしばしば現われてくるのか．造物主はべつべつの現象にはべつべつの法則を与えるのはめんどうなので，同じ型の法則でまに合わせたのだとでもいう他はなさそうである．

このように造物主の不精さ（？）から生じたとも思える事実が数学者にとって，つけこむスキなのである．

数学者は，u が具体的には電気のポテンシャルであるか，重力のポテンシャルであるか，渦のない流体の速度のポテンシャルであるかを不問に付して，単なる抽象的な関数として，その性質を探求しておく．それはその結果を電気にも重力にも流体にも適用してみたいからである．

このように同型の関係もしくは法則をもった数多くの現象をひとまとめにして研究することを，数学は学問の発生以来やってきたものである．

ヒルベルトの新しい着想もじつはそのことを言っているにすぎないのであって，その意味では少しも新しいことではない．ただヒルベルトはそれを明瞭なコトバで表明したのにすぎない．

構造

今までなかったものを構成していくという点で数学は建築術に似ているが，構造（structure）というコトバもやは

り建築術からとってきたものであるらしい．

このことはブルバキ「数学の建築術」(『数学教室』76号・77号に銀林浩氏の訳がのっている) という論文にでている．

建築物は木材，石，セメント，ガラス，……等の物質でできているが，数学の「構造」は点，直線，数，関数，集合，命題，操作，……等の概念からできている．それらはもちろん物質ではないが，物質から完全に遮断された概念ではなく，やはり客観的世界のなかにある何ものかの似姿であることは事実であろう．

構造というのはそれらのものを一定の法則にしたがって結びつけた有機的な統一体であるといえよう．それらのものを結びつけ構成する法則をコトバでのべたものが公理であるということになる．

論理的な矛盾さえ含まなければ，どんな公理系を考えてもそれは自由である，というのはどんな構造を考えるのも自由だということである．そこまでは無数に存在し得る構造のなかでどれが重要であり，どれがつまらないか，と判断する基準はない．しかし，世界のなかでもっとも数多く現われる構造が，まずはじめに研究されるべきだ，というなら，そこに選択のものさしがつくられたことになる．

たとえば実数の集合もそのような構造の一つである．それはバラバラの数の集合ではなく，代数的には加減乗除の演算によって結びつけられた体であり，位相的には1次元の連続した空間でもある．

これは無数に存在し得る構造の一つにすぎないが，客観

的な世界の法則を探究するうえでは,もっとも強力な構造なのである.だからもっとも早くから研究されてきたのであるし,その選択は正しかったといえる.

実数のほかにもこれと異なる構造は無数にあり得るが,それらは研究の対象にはならなかった.研究してもそれを適用する場合は一つもなかったからである.

数学者はヒルベルトによってどんな構造でも考えだして研究する自由を与えられはしたが,それを濫用しないできたといえる.

もちろん,なかにはその自由が濫用されて,まったくつまらない構造が考えだされたような例も絶無ではなかったであろう.しかし,そのような逸脱は自由にはつきものであって,そのために自由を制限するのはまちがいであろう.

およそあらゆる知的冒険には逸脱の危険はともなうものである.

現代数学への招待

5

群

歴史的にいってもっとも早くから登場してきた構造は群であろう．それは，つぎのような公理を満足している記号の集合 G である．

(1) G の任意の2つの要素の組 a, b に対しては G のあるほかの要素 c が対応する．これを関数の記号で表わすと，

$$f(a, b) = c$$

つまり G の要素を変数とする2変数の関数が定義されている．

(2) この $f(a, b)$ はつぎのような条件を満足させる．
任意の3つの要素に対して

$$f(f(a, b), c) = f(a, f(b, c))$$

これを結合法則という．

(3) すべての a に対して $f(a, e) = a$, $f(e, a) = a$ となるような e が存在する．このような e を単位元という．

(4) すべての a に対して，$f(a, b) = e$, $f(b, a) = e$ とな

る b がただ 1 つだけ存在する．このような b を a の逆元という．

以上のような条件を満足する 2 変数の関数 $f(a,b)$ が集合 G の上で定義されているとき，G を群という．

つまり群というのは集合 G に $f(a,b)$ がつけ加えられた1つの構造なのである．

これでたしかに1つの構造であることはわかったが，それだけでは，このような群が数学全体はいうにおよばず，なぜ他の部門にまで浸透して威力を発揮しているか，ということの説明にはならない．

そのためには群の実例をいくつかあげておく必要がある．

そのまえに，いちいち $f(a,b)$ と書くのはめんどうであるから，$f(a,b)$ を簡単に ab と書くことにしよう．これは乗法の形に書いているが，いまのところ数の乗法とは関係はない．このように書くと，上の条件はつぎのように書ける．

(2) 任意の 3 つの要素に対して $(ab)c=a(bc)$

(3) すべての a に対して $ae=a$, $ea=a$ となるような e が存在する．このような e を単位元という．

(4) すべての a に対して，$ab=e$, $ba=e$ となる b がただ 1 つだけ存在する．このような b を a の逆元という．
このような b を a^{-1} と書く．
つまり $aa^{-1}=e$, $a^{-1}a=e$ となるような a^{-1} である．
このような群 G の実例をいくつかあげてみよう．

図 13

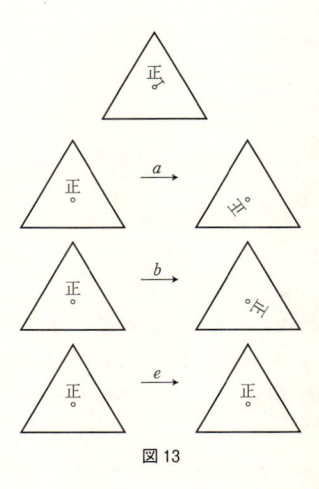

　正三角形の中心をピンで止めてそれを回転してみよう．この正三角形を 120° だけ回転する操作を a，240° 回転する操作を b とする．0° 回転，つまり動かさない操作を e とする（図 13）．ここで
$$G = \{e, a, b\}$$
とする．ここで a を先にほどこして，そのあとで b をほどこした操作を ab で表わす．このような操作は 360° 回転になるから，何もしないのと同じで e である．
$$ab = e$$
　つまり，ab という乗法は 2 つの操作の連続施行を意味するのである．

	e	a	b
e	e	a	b
a	a	b	e
b	b	e	a

表1

　この3つの操作どうしの乗法の結果は上のような表になる．この表でGの乗法のあり方は完全にきまってしまうので，この表が構造としての群の型をすべて決定してしまうのである．

　この表をみると，aの逆元a^{-1}はbになるし，bの逆元

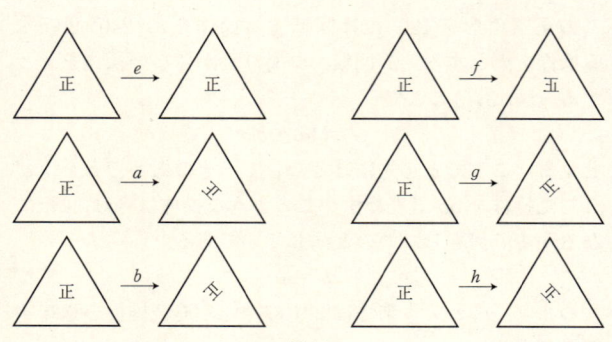

図14

b^{-1} は a, e の逆元はもちろん e である.
$$a^{-1} = b, \ b^{-1} = a, \ e^{-1} = e.$$

この群は3個の要素からできている.群の要素の個数をその群の位数という.したがってこの群の位数は3である.

同じく正三角形を重ねるにしても裏返して重ねることをゆるすことにすると,操作の数はふえる.

これは位数6の群になる(図14).その群の乗法の表をつくると,表2のようになる.

この表をみると,
$$af = g, \ fa = h, \ bf = h, \ fb = g, \cdots$$
となって,順序をいれかえると結果はちがってくることがわかる.

	e	a	b	f	g	h
e	e	a	b	f	g	h
a	a	b	e	g	h	f
b	b	e	a	h	f	g
f	f	h	g	e	b	a
g	g	f	h	a	e	b
h	h	g	f	b	a	e

表2

一般に群の乗法には交換法則は成立しない．この点が数の乗法とたいへんにちがっているのである．

　考えてみると，群の要素は操作なのだから行なう順序の先後によってちがった結果が生じてくるのは当然であるといえる．

　化学の実験で，硫酸をうすめるとき，水に硫酸を入れていけば危険はないが，この順序を誤って硫酸に水を入れると危険になることをやかましく注意される．これは順序を変更してはいけない例の１つである．このような例を探せばいくらでもあるだろう．料理などでも，「煮る」「焼く」「塩を入れる」……などの操作の順序をとりちがえると，味のまるでちがった料理ができる．

　囲碁や将棋でも２つの手の順序を誤ったために勝敗が逆転することがしばしばある．

　そういうことを考えると，操作の連続施行としての群の乗法は交換できないことが普通なのである．

　もちろん群のなかには乗法がすべて交換可能なものもある．このような群を可換群もしくはアーベル群という．アーベルというのはもちろん夭折したノルウェーの数学者 N. H. アーベル（1802-1829）の名を記念するためにつけられたものである．彼は可換群に関連して重要な研究を行なったからである．はじめにあげた位数３の群はアーベル群である．

置換群

　操作という以上，操作そのものを考えるのだが，じつはそれはむつかしい．どうしても操作をほどこす何かのものがなければならない．だからそれは何かを動かすという形をとることが多い．たとえば，ある群の操作で動かされるものが n 個の要素からなる集合であるとする．そして，その集合は何の相互関係ももっていない無構造の集合であるとする．それを $1, 2, 3, \cdots, n$ という数字で表わすことにする．

$$M = \{1, 2, 3, \cdots, n\}$$

この n 個の数字を入れかえる操作は全部でいくつあるかというと，それはもちろん，$n!$ 個ある．

　つまり n 個の集合をかきまわす操作の全体である．

　これが $n=3$ のときは，$3!=1\cdot 2\cdot 3=6$ で 6 個の操作がある．それはつぎの 6 個である．記号は上の数字を下の数字でおきかえるという意味である．

$$\begin{pmatrix} 1 & 2 & 3 \\ 1 & 2 & 3 \end{pmatrix} = e, \quad \begin{pmatrix} 1 & 2 & 3 \\ 2 & 3 & 1 \end{pmatrix} = a, \quad \begin{pmatrix} 1 & 2 & 3 \\ 3 & 1 & 2 \end{pmatrix} = b$$

$$\begin{pmatrix} 1 & 2 & 3 \\ 1 & 3 & 2 \end{pmatrix} = f, \quad \begin{pmatrix} 1 & 2 & 3 \\ 3 & 2 & 1 \end{pmatrix} = g, \quad \begin{pmatrix} 1 & 2 & 3 \\ 2 & 1 & 3 \end{pmatrix} = h$$

　このように n 個の数字もしくは文字を入れかえる操作のつくる群を置換群という．

　$n=4$ のときは，すべての置換はもちろん $4!=24$ だけである．このように n 個の数字もしくは文字のすべての置

換のつくる群を対称群という．

$n=4$ のときの対称群の位数はもちろん $4!=24$ である．

しかし，1, 2, 3, 4 という数字のならべ方に一定の条件をつけると，その条件をみたす置換のつくる群はそれより小さくなる．

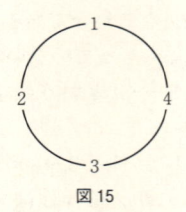

図 15

たとえば，1, 2, 3, 4 を環状にならべて，となりの数字がとなりの数字になるという条件をつけると，つぎの 8 個の置換が得られる．

$$\begin{pmatrix} 1 & 2 & 3 & 4 \\ 1 & 2 & 3 & 4 \end{pmatrix}, \begin{pmatrix} 1 & 2 & 3 & 4 \\ 2 & 3 & 4 & 1 \end{pmatrix}, \begin{pmatrix} 1 & 2 & 3 & 4 \\ 3 & 4 & 1 & 2 \end{pmatrix}, \begin{pmatrix} 1 & 2 & 3 & 4 \\ 4 & 1 & 2 & 3 \end{pmatrix}$$

$$\begin{pmatrix} 1 & 2 & 3 & 4 \\ 2 & 1 & 4 & 3 \end{pmatrix}, \begin{pmatrix} 1 & 2 & 3 & 4 \\ 1 & 4 & 3 & 2 \end{pmatrix}, \begin{pmatrix} 1 & 2 & 3 & 4 \\ 4 & 3 & 2 & 1 \end{pmatrix}, \begin{pmatrix} 1 & 2 & 3 & 4 \\ 3 & 2 & 1 & 4 \end{pmatrix}$$

ここで 8 個の置換が得られるが，これは位数 8 の群をつくる．

この群は 1, 2, 3, 4 が正方形の 4 つの頂点であるとき，その正方形を重ね合わせる操作である（図 16）．

この 8 個の置換の上の四つは $0°, 90°, 180°, 270°$ の回転で

図16   図17

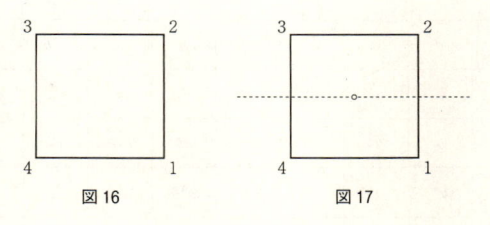

ある．90°回転を a とすると，これらは
$$e, a, a^2, a^3$$
である．

$\begin{pmatrix} 1 & 2 & 3 & 4 \\ 2 & 1 & 4 & 3 \end{pmatrix} = b$ とすると，これは図の点線を軸とする回転である（図17）．

下の四つは
$$b, ab, a^2b, a^3b$$
で表わされる．

ここで $b^2 = e$ である．だから $b^{-1} = b$．

$b^{-1}ab$ を計算してみると，a^3 になる．
$$b^{-1}ab = a^3$$
$$ab = ba^3$$
この左から a をかけると
$$a^2b = aba^3 = ba^3 \cdot a^3 = ba^6 = ba^2 \cdot a^4 = ba^2.$$
さらに左から a をかけると
$$a^3b = aba^2 = ba^3 \cdot a^2 = ba^5 = ba.$$

	e	a	a^2	a^3	b	ab	a^2b	a^3b
e	e	a	a^2	a^3	b	ab	a^2b	a^3b
a	a	a^2	a^3	e	ab	a^2b	a^3b	b
a^2	a^2	a^3	e	a	a^2b	a^3b	b	ab
a^3	a^3	e	a	a^2	a^3b	b	ab	a^2b
b	b	a^3b	a^2b	ab	e	a^3	a^2	a
ab	ab	b	a^3b	a^2b	a	e	a^3	a^2
a^2b	a^2b	ab	b	a^3b	a^2	a	e	a^3
a^3b	a^3b	a^2b	ab	b	a^3	a^2	a	e

表3

ここで乗法の表をつくると，表3のようになる．

この群の乗法の表は以上のようなものであるが，この表をいつも書く必要はない．なぜなら，この表は

$$a^4 = e, \ b^2 = e, \ ab = ba^3$$

という関係式を使えばすべて導きだすことができるからである．

もうすこし一般化して正多角形を重ね合わせる操作を考えてみよう．

正 n 角形の頂点を，$1, 2, 3, \cdots, n$ として，これを $\dfrac{360°}{n}$ だけ回転する操作を a とする．

図 18

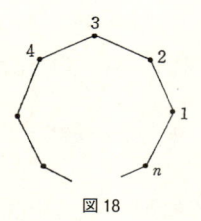

これは頂点の置換としてみると

$$\begin{pmatrix} 1 & 2 & 3 & 4 & \cdots & n \\ 2 & 3 & 4 & 5 & \cdots & 1 \end{pmatrix} = a$$

となる. n 回でもとにもどるから, $a^n = e$ となる（図 18）.

裏返しを考えに入れると, さらにふえる.

1 を通る対称軸について裏返しをする操作を b とすると

$$b = \begin{pmatrix} 1 & 2 & 3 & \cdots & n \\ 1 & n & n-1 & \cdots & 2 \end{pmatrix}$$

$$b^2 = e$$

となることは明らかである. a との関係は,

$$b^{-1}ab = \begin{pmatrix} 1 & 2 & 3 & \cdots & n \\ 1 & n & n-1 & \cdots & 2 \end{pmatrix} \begin{pmatrix} 1 & 2 & 3 & \cdots & n \\ 2 & 3 & 4 & \cdots & 1 \end{pmatrix} \begin{pmatrix} 1 & 2 & 3 & \cdots & n \\ 1 & n & n-1 & \cdots & 2 \end{pmatrix}$$

$$= \begin{pmatrix} 1 & 2 & 3 & \cdots & n \\ n & 1 & 2 & \cdots & n-1 \end{pmatrix} = a^{n-1}$$

つまり

$$b^{-1}ab = a^{n-1}$$

両辺を 2 乗すると,

$$(b^{-1}ab)(b^{-1}ab) = a^{n-1} \cdot a^{n-1}$$

$$b^{-1}a^2b = a^{2(n-1)}$$

つぎつぎに3乗，4乗をつくっていくと，一般にk乗のときは

$$b^{-1}a^kb = a^{k(n-1)}$$

となる．

これだけの関係式があれば，この群の位数が$2n$で，つぎの要素からできていることがわかる．

$$G = (e, a, a^2, \cdots, a^{n-1}, b, ab, a^2b, \cdots, a^{n-1}b)$$

この群を2面体群（dihedral group）とよぶ．

これは正多角形をそれ自身の上に重ね合わせる操作の群であるが，立体的に考えると図19のような面体——これを2面体という——をそれ自身に重ね合わせる群である．

それは正多角形$A_1A_2\cdots A_n$の中心から等距離にあるB, Cを頂点とする多面体で，コマのような形をしている．

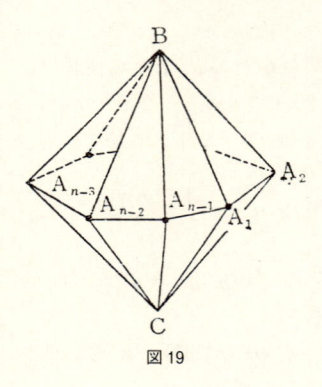

図19

a は B, C を動かさないで回転する操作であるし，b は顚倒してB, Cを入れかえる操作にあたる．

このような群を D_n で表わす．裏返しをふくまない回転だけの群を C_n で表わす．

正三角形を重ね合わせる操作の群は D_3 であるし，正方形を重ね合わせる操作の群は D_4 である．

以上のことから正多角形について，つぎの群ができることがわかる．

$$C_1, C_2, C_3, \cdots, C_n, \cdots$$
$$D_1, D_2, D_3, \cdots, D_n, \cdots$$

C_n のほうは可換群であるし，D_n のほうは非可換群である．

部分群

集合には部分集合があるように，群にも部分群がある．それは群の部分集合であって，しかもその部分だけでまた群をつくっているようなものである．

前にのべた D_4 で部分群をあげてみよう．部分集合であったら

$$2^8 = 256$$

だけあるが，もちろん部分群はそんなにたくさんはない．

まず

$$\{e, a, a^2, a^3\}$$

という C_4 がある．

つぎに
$$\{e, a^2, b, a^2b\} \quad \{e, a^2, ab, a^3b\}$$
がある.

その他をひろいあげてみると,
$$\{e, a^2\}, \ \{e, b\} \ \{e, ab\} \ \{e, a^2b\} \ \{e, a^3b\}, \ \{e\}$$
がある.

部分集合と同じように, D_4 自身も部分群に加える. 以上のことから, 部分群の位数はすべて 8, 4, 2, 1 で, 8 の約数であることに気づくだろう.

また $\{e\}$ という位数 1 の群が部分群として含まれていることも明らかである.

部分群の位数には 3 とか 5 とか, 8 の約数でないものは含まれていないのである.

これを一般化すると, つぎの定理が成り立つ.

定理 ある群 G の部分群の位数は G の位数の約数である.

この定理の証明は次回にゆずろう.

現代数学への招待

6

部分群の位数

証明 群 G のなかに部分群 g が含まれているとしよう,そのことを記号で書くと,つぎのようになる.

$$g \subset G$$

ここで g に含まれない G の要素があったら,そのうちの任意の要素を a_1 としよう.そして,a_1 と g のすべての要素を右からかけてできる要素の全体を $a_1 g$ で表わす.

さらに g と $a_1 g$ の双方に含まれない要素がもしあったら,それを a_2 とし,同様に $a_2 g$ という集合をつくる.このようにして,

$$g, a_1 g, \cdots, a_{k-1} g$$

をつくって,これで G がいっぱいになったとする.つまり集合として

$$G = g + a_1 g + a_2 g + \cdots + a_{k-1} g$$

と表わされたとする.この + は集合の合併を表わすものとする.

ここでおのおのの項は一般には共通部分をもち得るが,

g が G の部分集合であるときは，共通部分をもっていない．

もし $a_i g$ と $a_j g$ が共通の要素をもてば
$$a_i g_r = a_j g_s \quad (g_r, g_s \text{ は } g \text{ の要素})$$
となり，
$$a_i = a_j g_s g_r^{-1}$$
$g_s g_r^{-1}$ は g の要素であって，a_i は $a_j g$ に属することになり仮定に反する．

だから，$g, a_r g, a_s g, \cdots, a_k g$ はたがいに共通部分を有しない．

また $g, a_1 g, a_2 g, \cdots, a_k g$ はみな同じ個数の要素を含んでいる．なぜなら，$a_i g$ と $a_j g$ のあいだの
$$a_i g_s \longleftrightarrow a_j g_s$$
という対応は 1 対 1 だからである．

したがって，g の位数に k をかけると G の位数になる．つまり G の位数は g の位数で割り切れるのである．（証明終り）

以上のことをもっとわかりやすくいい表わすと，つぎのようになる．

$$G \text{ の部分群} \quad g = \{g_1, g_2, \cdots, g_m\}$$
があるとき，G のなかに部分集合 A を適当にえらぶと，
$$A = \{e, a_1, a_2, \cdots, a_{k-1}\}$$
G の要素はすべて，$e = a_0$ とすると
$$a_i g_s \begin{cases} i = 0, 1, 2, \cdots, k-1 \\ s = 1, 2, \cdots, m \end{cases}$$

の形にただ一通りに書き表わせる.

これはつぎのように方形にならべることができる.

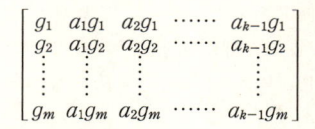

$$\begin{bmatrix} g_1 & a_1g_1 & a_2g_1 & \cdots\cdots & a_{k-1}g_1 \\ g_2 & a_1g_2 & a_2g_2 & \cdots\cdots & a_{k-1}g_2 \\ \vdots & \vdots & \vdots & & \vdots \\ g_m & a_1g_m & a_2g_m & \cdots\cdots & a_{k-1}g_m \end{bmatrix}$$

もちろん,この方形にでているもののなかには等しいものは一つもない.

ここでたての列にならんでいる要素の集まりを副群 (Nebengruppe) とよぶことがある.しかし,g 以外の a_1g, $a_2g, \cdots, a_{k-1}g$ はそれ自身はけっして群ではない.なぜなら単位元を含んでいないからである.だから副群などという名前はあまり適当ではないともいえる.だから近ごろはこれを右剰余類とよんでいる.a_ig は g を右からかけているからである.ga_i としたら左剰余類とよべばよい.

さて,以上の事実から群の位数は群の構造に深いかかわり合いをもっていることがわかった.しかし,位数がわかると,それだけで群の構造がすべて定まってしまうかというとそうではない.位数は同じで構造のちがう群はもちろん,いくらでもある.だから,「深いかかわり合いがある」という程度に,お茶をにごしておくほかはない.

同型

さて2つの群が同じ構造をもっていることを具体的にた

しかめるには，どうしたらいいのであろうか．

そのためにはまず，群の構造といっても，それは乗法の決めかたの総体であるということを思い出そう．

G, G' という2つの群があったとき，2つの群の乗法の表がまったく同じになったら同じ構造をもつといってもよいだろう（表4）．

つまり G, G' の要素のあいだにうまく1対1対応をつけて，かけた結果もやはり対応しているようにできたらいいのである．

$$G = \{a_1, a_2, \cdots, a_i, \cdots, a_k, \cdots, a_l, \cdots\}$$
$$\updownarrow \quad \updownarrow \quad \quad \updownarrow \quad \quad \updownarrow \quad \quad \updownarrow$$
$$G' = \{a_1', a_2', \cdots, a_i', \cdots, a_k', \cdots, a_l', \cdots\}$$

上のような対応をつけて，G のなかの乗法が，そのまま G' にもちこされるとき，G と G' は同型であるという．

G	a_1	a_2	$\cdots$	a_k	$\cdots$
a_1					
$\vdots$					
a_l				a_l	
$\vdots$					

G'	a_1'	a_2'	$\cdots$	a_k'	$\cdots$
a_1'					
$\vdots$					
a_l'				a_l'	
$\vdots$					

表4

$$a_i\, a_k = a_l$$
$$\updownarrow \;\updownarrow \quad\; \updownarrow$$
$$a_i'\, a_k' = a_l'$$

この1対1対応を

$$\varphi(a_1) = a_1'$$
$$\varphi(a_2) = a_2'$$
$$\cdots\cdots\cdots\cdots$$
$$\varphi(a_i) = a_i'$$
$$\cdots\cdots\cdots\cdots$$
$$\varphi(a_k) = a_k'$$
$$\cdots\cdots\cdots\cdots$$
$$\varphi(a_l) = a_l'$$
$$\cdots\cdots\cdots\cdots$$

と書くと,

$$\varphi(a_i a_k) = \varphi(a_i)\varphi(a_k)$$

と書くことができる。一般的に a, b という文字をつかうと

$$\varphi(ab) = \varphi(a)\varphi(b)$$

となる。つまりこのような性質をもつ G と G' のあいだの1対1対応 φ が存在するとき, G と G' は同型であるという。

言葉でいうと, つぎのようになる。

「G のなかの任意の2つの要素 a, b を G のなかでかけ合わせて, それを φ で G' にうつした結果と, a, b を φ で G' にうつした上で G' のなかでかけ合わせた結果は一致する」。

このとき G と G' は同型（isomorphic）であるという．このような1対1対応 φ は「乗法を保存する」ということができよう．

この点が構造をもつ群と無構造の集合のあいだのちがいである．2つの集合 M, M' のあいだの1対1対応のさせ方には以上のような付帯条件はついていない．

だから，M と M' の個数が n であるとき，そのあいだの1対1対応のさせ方は $n!$ だけある．

しかし，位数 n の群のあいだの同型対応のさせ方は $\varphi(ab)=\varphi(a)\varphi(b)$ という付帯条件があるので，$n!$ よりずっと少ない．

たとえば G の中の単位元 e は G' の中の単位元 e' に対応し，それ以外のものには対応しないのである．

なぜなら
$$\varphi(a) = \varphi(ae) = \varphi(a)\varphi(e)$$
G' のなかでこの条件をみたす要素は単位元 e' しかないのである．
$$\varphi(e) = e'$$

G のなかの e を G' のなかの勝手な要素に対応させることができないとなると，φ という同型対応の数は $n!$ よりはるかに少なくなるだろう．

構造が同じであるかどうか，を比較することは何も群ではじめてでてくるのではない．

三角形の相似でもやはりそうである．2つの三角形 $\triangle ABC$ と $\triangle A'B'C'$ が相似であるかどうかをしらべるに

は，それらを3つの辺に分解し，それらの3つの辺がどのように相互に関係し合っているかを一つ一つしらべていけばよい．

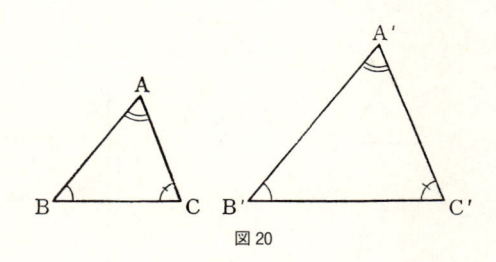

図20

それは辺 AB と辺 BC の相互関係（つまり交角）と，辺 A'B' と辺 B'C' の交角が等しい，ということになるだろう．

つまり2つの構造の型をくらべるのに，おのおのの構成分子のあいだの相互関係を一つ一つ検討していくというやり方であるから，分析的な方法であるといえよう．

さて，群の同型ということはどのような意義をもっているだろうか．

G と G' とが同型であるとき，そのあいだの同型対応 φ は G, G' の乗法の規則には留意しなければならないが，それ以外のことはまったく無関係である．

たとえば G が正三角形をそれ自身に重ね合わせる操作全体の群であるとすると，それは位数6の群になることを知った（図21）．

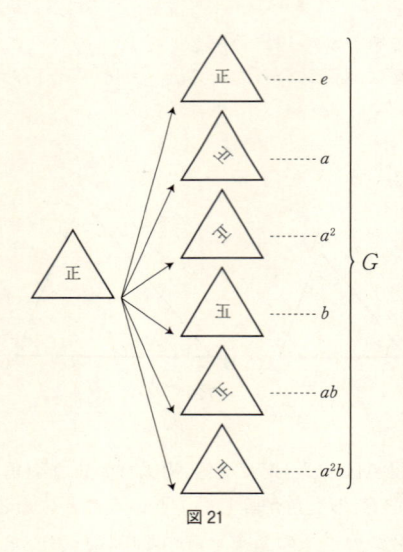

```
         正 ......... e

         正 ......... a

         正 ......... a²
正                              ⎫
         正 ......... b        ⎬ G
                               ⎭
         正 ......... ab

         正 ......... a²b
```

図 21

　一方 G' は $\{1, 2, 3\}$ という 3 つの数字を入れかえる操作の集まりであるとする．

　このとき，G と G' とはそれらが「何にはたらくか」という観点からながめるとまるでちがったものである．一方は三角形の重ね合わせであり，一方は文字の入れかえである．

　しかしまた「何にはたらくか」という側面をしばらく不問にして，操作どうしのあいだの相互関係がどうであるかという点にだけ注目するなら，G と G' は同じ構造をもっている，つまり同型であるということになる．

$$\left.\begin{array}{l}\begin{pmatrix}1 & 2 & 3\\1 & 2 & 3\end{pmatrix}\cdots\cdots e'\\[6pt]\begin{pmatrix}1 & 2 & 3\\2 & 3 & 1\end{pmatrix}\cdots\cdots a'\\[6pt]\begin{pmatrix}1 & 2 & 3\\3 & 1 & 2\end{pmatrix}\cdots\cdots a'^2\\[6pt]\begin{pmatrix}1 & 2 & 3\\1 & 3 & 2\end{pmatrix}\cdots\cdots b'\\[6pt]\begin{pmatrix}1 & 2 & 3\\2 & 1 & 3\end{pmatrix}\cdots\cdots a'b'\\[6pt]\begin{pmatrix}1 & 2 & 3\\3 & 2 & 1\end{pmatrix}\cdots\cdots a'^2b'\end{array}\right\}G'$$

だから一見するとまるで無縁であると思われる2つの現象,もしくは研究対象のあいだに,意外な類似性,もしくは平行性があり得る.それは2つの現象もしくは研究対象の根底にある群が同型であるという事実に由来することが少なくない.

たとえば5次方程式を代数的に解くときに位数が60の群が現われてくるが,これは正20面体を自分自身に重ね合わせる操作全体のつくる群——これを20面体群という——と同型である.

代数の5次方程式と幾何の20面体とでは一見何の関係

もなさそうであるが，双方の背後にひそんでいる群が同型なのでその2つのあいだには深い親近性があることがわかってきた．

このような例はほかにいくらでもある．群というメガネを通してみると，意外に多くのものが同じ型の理論でとらえられるのである．

群の威力をはじめて発見して，その重要性に気づいたのはガロア（1811-1832）であった．彼は代数方程式に群を適用してめざましい成果をあげたが，その後，群は数学のあらゆる部門に浸透していった．クラインは幾何学に群を応用して，これまでの幾何学に統一的な見方をもたらしたし，ポアンカレとクラインは関数論に群を応用して保型関数論をつくりだした．

このように群を数学のあらゆる部門に適用してみることは19世紀の数学者たちの共通の課題の一つであった．

自己同型としての群

以上のように群は「何にはたらくか」という点をいちおう捨象した操作自身のあいだの相互関係によってつくられる構造であった．

しかし群がいろいろの局面で適用されるさいには，「何にはたらくか」という観点を抜きにするわけにはいかない．そこを問題にしないと，具体的なものとのつながりは見出されない．

群の操作が何かにはたらくといっても，それだけではあまりに漠然としているので，もっと問題をしぼってみると，つぎのような形になるだろう．

　ここに何かの構造Sがある．このSは構造というだけでたいへん一般的なものと考えておくことにしよう．

　だから，それは代数的なものであってもよいし，幾何学的なものであってもよい．

　このとき，Sの自己同型αというのは，Sの構造を保存しSの要素をSの要素に1対1に写像し，その写像αSはS全体をおおうものとする．換言すればαSはSに含まれるだけではなく，$\alpha S=S$となるものとする（いわゆるon-mapping）．

　このようなαをSの自己同型（automorphism）であるという．

　まずはじめにいえることは，このような自己同型の全体は群をつくる，ということである．

　そのためにはつぎのことをたしかめればよい．

　（1）それは単位元eを含む．eとしては，Sの任意の要素xをそれ自身に写す写像をとればよい．
$$e(x)=x$$
　（2）任意のαに対して逆元α^{-1}がある．

$\alpha(x)=y$であったら$\alpha^{-1}(y)=x$を考えればよい．

　（3）2つの自己同型α,βの積はまた自己同型である．
$$\alpha(\beta(x))=\alpha\beta(x)$$
となり，βでもαでもSの構造は保存されるから2つの連

続施行によっても構造は保存されるはずである．だから $\alpha\beta$ もやはり自己同型である．

以上でほとんど自明ともいえることであるが，「構造を保存する」という事実をどのように正確に規定するか，ということはそれほどやさしくはない．

S が位相空間であるときは，「位相的な構造を保存する」ということを正確に規定するのはそれほどやさしくはない．

つぎにいろいろの場合にあたってみることにしよう．

現代数学への招待
7

準同型

　一つの群 G からもう一つの群 G' に1対1で構造を変えないようにうつす写像が同型の対応であり，同型の対応が一つでも存在すればそれら二つの群はまったく同型であった．

　しかしここで「1対1」という条件を少しばかりゆるめて「多対1」でもよいことにすると，準同型という考えがでてくる．

　G の要素 $a, b, \cdots$ を φ という写像によって G' の要素 a', $b', \cdots$ にうつすものとする．

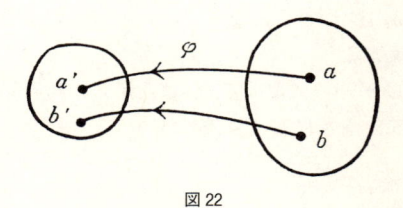

図22

$$\varphi(a) = a'$$
$$\varphi(b) = b'$$
…………
…………

ここで積が積にうつり，逆元が逆元にうつるものとすると，式で表わすと
$$\varphi(ab) = \varphi(a)\varphi(b)$$
$$\varphi(a^{-1}) = \varphi(a)^{-1}$$
このような条件を満足する写像 φ を準同型写像といい，G は G' に準同型 (homomorphic) であるという．

これで G の構造が G' の構造にうつされるということがわかる．

φ は「多対 1」という条件がついているから，G' のなかの a' にうつる G の要素の全体を $\varphi^{-1}(a')$ で表わすと，a' と異なる b' に対しては $\varphi^{-1}(a')$ と $\varphi^{-1}(b')$ とは共通部分をもたない．

もしある要素 c が $\varphi^{-1}(a')$ と $\varphi^{-1}(b')$ の双方に属すれば
$$\varphi(c) = a'$$
$$\varphi(c) = b'$$
の双方が成り立つことになって，φ が「多対 1」であるという仮定に反する．

だから $G \longrightarrow G'$ によって，G はたがいに共通部分のない部分集合に分割される（図 23）．
$$G = \varphi^{-1}(a') + \varphi^{-1}(b') + \cdots$$

図 23

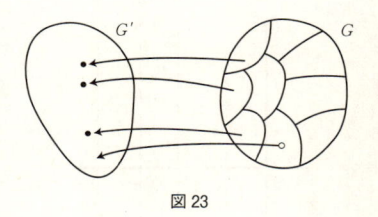

　このような部分集合を類（class）と名づける．これは一つの学校の生徒をクラスに分けるのと同じである．

　このとき G の要素は G' にうつされたさきにだけ注目することにすると，同じ類に属する要素は区別できないということになる．

　たとえば G は複素数の加法の群としよう．G の一つの要素 z の実数部分を $R(z)$ で表わすと，この $R(z)$ は G から実数の加法の群 G' への写像を意味する．

　しかも
$$R(z_1+z_2) = R(z_1)+R(z_2)$$
$$R(-z_1) = -R(z_1)$$
という関係がすべての z_1, z_2 に対して成り立つから，準同型写像を意味する．

　このとき G はガウス平面における垂直線上の点の集合である（図 24）．

　このような写像 $R(z)$ は複素数の虚数部分のちがいを無視して，実数部分だけに着眼するという意味をもつ．つまり $R(z)$ という準同型は G の構造の一側面をあらっぽく描

図 24

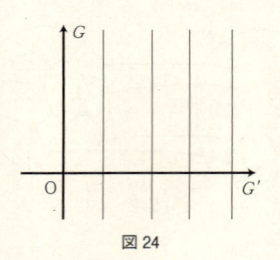

写するはたらきをもっているのである.

以上でともかく G から G' への準同型写像によって, G が類へ分割されたわけであるが, この類はどのような性質をもっているだろうか.

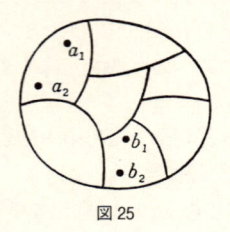

図 25

a_1 と a_2, b_1 と b_2 が同じ類に属すれば, 定義によって,
$$\varphi(a_1) = \varphi(a_2)$$
$$\varphi(b_1) = \varphi(b_2)$$
となることはいうまでもない.

A	B	……	C
a_1	b_1		a_1b_1……
a_2	b_2		a_2b_2……
⋮	⋮		⋮

表5

そのとき，a_1b_1 と a_2b_2 はやはり同じ類に属するのである．なぜなら
$$\varphi(a_1b_1) = \varphi(a_1)\varphi(b_1) = \varphi(a_2)\varphi(b_2) = \varphi(a_2b_2)$$
となるからである．

a_1, a_2 の属している類を A，b_1, b_2 の属している類を B とすると，A に属する任意の要素と B に属する任意の要素をえらびだして，その積をつくると，それらはすべてただ一つの類に落ちる．いくつかの積に散逸してしまうことはけっしてないのである．

だから一つの積を一つの列に書きならべると，G は表5のようになるが，そのとき，真上からながめると，A の列と B の列の積が C の列になるようにみえるはずである．

つまり G の乗法に対してこれらの類は一団となって行動し，その団結をくずすことはない．

ここでは要素の集合であるおのおのの類が，一つのものとみなされるのである．

ここでもっとも重要な類 H として G' の単位元 e' に写される G の要素の全体 $\varphi^{-1}(e')$ をとってみよう．

これは G のなかでどのような部分集合なのであろうか.

まず H は G の部分群をなすことがわかる.

その H に属する任意の二つの要素 a_1, a_2 をとると,
$$\varphi(a_1) = e'$$
$$\varphi(a_2) = e'$$
かけ合わせると,
$$\varphi(a_1)\varphi(a_2) = e'e' = e'$$
$$\varphi(a_1 a_2) = e'$$
だから, $a_1 a_2$ は e' にうつされるので $a_1 a_2$ は H に属する.

また, a_1 が H に属すれば
$$\varphi(a_1) = e' \qquad \varphi(a_1)^{-1} = e'^{-1} = e'$$
$$\varphi(a_1^{-1}) = e'$$
だから a_1^{-1} も H に属する. つまり H は G の部分群をなす.

つぎに G の任意の要素を x, H の任意の要素を a とすると, xax^{-1} はまた H に属する.

なぜなら,
$$\varphi(xax^{-1}) = \varphi(x)\varphi(a)\varphi(x^{-1}) = \varphi(x)e'\varphi(x)^{-1}$$
$$= \varphi(x)\varphi(x)^{-1} = e'$$

つまり xax^{-1} も φ によって e' に写像されるから, H に属する.

結局 H は G の不変部分群になることがわかった.

このように準同型写像 $\varphi(G) = G'$ があるとき, G' の単位元 e' に写される G の要素の全体 H は G の不変部分群になり, その H を準同型写像の核という (図 26).

図26

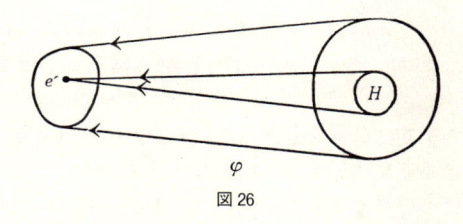

剰余群

　以上で準同型写像 φ があると，それによって $H=\varphi^{-1}(e')$ という核が定まり，それが G の不変部分群になることがわかった．

　こんどは，これを逆にたどって，G のなかの不変部分群 H から出発して，H を核としてもつ準同型 φ と準同型な群 G' をつくってみせることができる．

　そのためにまず，G を H で剰余類に分けてみる．
$$G = H + aH + bH + \cdots$$
ここで aH に属する a_1, a_2 と bH に属する b_1, b_2 があるとき，$a_1 b_1$ と $a_2 b_2$ が同じ類に属することを示そう．

$$a_1 b_1 = a h_1 b h_2 \qquad (h_1, h_2 \text{ は } H \text{ の要素})$$
$$= a b b^{-1} h_1 b h_2 = a b (b^{-1} h_1 b) h_2$$

H は不変部分群であるから，$b^{-1} h_1 b$ は H の要素である．これを h_3 で表わす．

$$= a b h_3 h_2 = a b (h_3 h_2)$$

$h_3 h_2$ は H の要素であるから，$a_1 b_1$ は ab と同じ類に属する

ことになる．a_2b_2 についてもまったく同様のことがいえる．すなわち，a_1b_1 と a_2b_2 は同じ類に属することがわかる．

だから不変部分群をもとにして剰余類に分けると，それらの類は乗法について，一団として行動する．

逆元についてもまったく同じことがいえる．

a_1 と a_2 が同じ類に属すれば a_1^{-1} と a_2^{-1} もやはり同じ類に属することがわかる．

$a_2 = a_1 h$ のとき　　　　　　　　　　(h は H の要素)
$a_2^{-1} = h^{-1} a_1^{-1} = a_1^{-1} a_1 h^{-1} a_1^{-1} = a_1^{-1}(a_1 h^{-1} a_1^{-1})$

H は不変部分群であるから，$a_1 h^{-1} a_1^{-1}$ はまた H に属する．

したがって H による剰余類の一つ一つを一つの要素とみなせば，ここに一つの群が生まれてくる．この群を G' と名づける．

G の任意の要素 a を，それの属する剰余類にうつす写像を φ とすれば，φ は G から G' への準同型写像である．

$$G' \xleftarrow{\varphi} G$$

このようにしてつくられた群 G' を H による G の剰余群，もしくは商群といい，$G/H = G'$ で表わす．

割り算の記号をつかうのは，割り算本来の意味から考えても，けっして不当な記号ではなく，むしろ，巧妙な記号であるといえよう．

たとえば，1, 2, 3 という 3 つの数字を入れかえる操作の

つくる群 G は位数が $3!=6$ の群であり，つぎのように表わされる．

$$a_1 = \begin{pmatrix} 1 & 2 & 3 \\ 1 & 2 & 3 \end{pmatrix}, \ a_2 = \begin{pmatrix} 1 & 2 & 3 \\ 2 & 3 & 1 \end{pmatrix}, \ a_3 = \begin{pmatrix} 1 & 2 & 3 \\ 3 & 1 & 2 \end{pmatrix}$$

$$a_4 = \begin{pmatrix} 1 & 2 & 3 \\ 1 & 3 & 2 \end{pmatrix}, \ a_5 = \begin{pmatrix} 1 & 2 & 3 \\ 3 & 2 & 1 \end{pmatrix}, \ a_6 = \begin{pmatrix} 1 & 2 & 3 \\ 2 & 1 & 3 \end{pmatrix}$$

このなかで

$$H = \{a_1, a_2, a_3\}$$

は不変部分群となる．

H の剰余類をつくると，

$$G = H + a_4 H$$

となり，結局，G が 2 つの類に分かれる．

$$\begin{Bmatrix} a_1 \\ a_2 \\ a_3 \end{Bmatrix}, \quad \begin{Bmatrix} a_4 \\ a_5 \\ a_6 \end{Bmatrix}$$

このときの G' の乗積表は表 6 となり，群としては位数 2 の群である．

もう一つの例をあげておこう．

	H	$a_4 H$
H	H	$a_4 H$
$a_4 H$	$a_4 H$	H

表 6

G は整数の加法の群であるとする.
$$G = \{\cdots, -3, -2, -1, 0, +1, +2, +3, \cdots\}$$
この群は結合が + で表わされていて,もちろん可換群である.したがってその部分群はすべて不変部分群である.

G のなかで一定の数 h の倍数からできている要素全体 H は G の部分群,したがって不変部分群をなす.

ここで G/H をつくるとこれは,おのおのの積は $0, 1, 2, \cdots, h-1$ という h 個の数で代表される.
$$G' = \{0, 1, 2, \cdots, h-1\}$$
そして G' の乗積表——ここでは + で結合される——は表7のようになる.

	0	1	2	⋯	⋯	⋯	$h-1$
0	0	1	2				$h-1$
1	1	2	3				0
2	2	3	4			0	1
⋮							
⋮							
⋮							
$h-1$	$h-1$	0	1				$h-2$

表7

図27

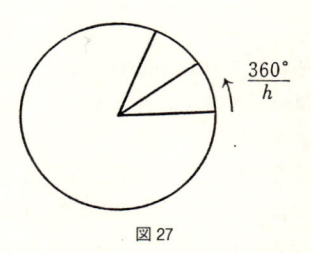

G' は $\frac{360°}{h}$ の何倍かだけ回転する操作の群とまったく同型である（図27）.

以上で群のなかに不変部分群があれば、それをもとにして準同型な剰余群がつくられることがわかった.

だからある群が「多対1」の準同型写像で他の群に縮小してうつすことができるかどうかは、不変部分群が存在するかどうかにかかわってくる.

だから不変部分群が存在しなければ、「多対1」の写像で縮小してうつすことはできないはずである.

もちろんすべての群は単位元のみからできている部分群，$H=\{e\}$ をもっており、それは不変部分群であり、また群それ自身も不変部分群であるから $G/G=\{e\}$ と $G/\{e\}=G$ という二つの剰余群はつねに存在するが、これはあまりにもつまらない場合であるから除く. それ以外に不変部分群を有しない群を単純群と名づける.

このような単純群は準同型写像で縮小できない群であると考えてよいだろう. これはある意味では素数のようなも

のである.

素数は1とそれ自身以外には約数を有しない整数であった. 単純群も単位元のつくる群とそれ自身以外には不変部分群を有しない群であった.

しかし, 単純群の位数はいつも素数であるかというとけっして, そうではない. たとえば正20面体をそれ自身の上に重ねる操作の全体は位数が60の群をつくるが, これは単純群である.

部分群の交わりと結び

一つの群 G のなかに二つの部分群 G_1, G_2 があるとき, G_1 と G_2 の共通要素の全体つまり G_1 と G_2 の交わり $G_1 \cap G_2$ は明らかにそのまま部分群になる.

なぜなら, a, b が $G_1 \cap G_2$ に属すれば, a, b は G_1 にも G_2 にも属している. したがって ab は部分群の定義によって, G_1 にも G_2 にも属する. だから ab は $G_1 \cap G_2$ にも属する. a の逆元についても同じことがいえる. a が $G_1 \cap G_2$ に属すれば a^{-1} もまた $G_1 \cap G_2$ に属する. ところが G_1 と G_2 の部分集合としての合併集合 $G_1 \cup G_2$ をつくると, それはけっしてそのまま部分群にはならない. たとえば, まえにあげた 1, 2, 3 を入れかえる操作の群でも, $G_1 = \{a_1, a_2, a_3\}$ と $G_2 = \{a_1, a_4\}$ はともに部分群になるが, G_1 と G_2 との合併集合 $\{a_1, a_2, a_3, a_4\}$ は部分群にはならない. もし部分群であったら, その位数4は全体の群の位数6の約数とならねばな

らぬからである.

そこで G_1 と G_2 の双方を含む部分群をつくろうとすれば, どうしても G_1 と G_2 のほかに新しい要素を補う必要がある. 上の例でいうと, $a_2a_4, a_3a_4, \cdots$ 等の要素をどうしても含んでいなければならないはずである.

一般に G の部分群 G_1, G_2 がつぎのような要素からできているとき,
$$G_1 = \{a_1, a_2, a_3, \cdots, a_i, \cdots\}$$
$$G_2 = \{b_1, b_2, b_3, \cdots, b_j, \cdots\}$$
その二つの群からできるあらゆる組合わせの積
$$a_ib_ja_kb_l\cdots a_mb_n$$
という形の要素はすべて含まれていなければならない. このような積をすべてつくることは容易ではないし, また, それらの積のあいだの乗法の結果を見通すことは一般に困難である.

しかしとくに二つの部分群の一つが不変部分群であるときは, 問題は簡単になる. たとえば G_2 が不変部分群であるとすると,
$$a_k^{-1}b_ja_k = b_s$$
$$b_ja_k = a_kb_s$$
となり a と b をつぎつぎに入れかえて, すべての a を左にすべての b を右にもっていって, この積を a_pb_r という形に変形してしまうことができる. だから G_1 と G_2 を含む最小の部分群は a_pb_r という形の要素全体の集まりである. これを G_1G_2 という形に書き表わすことにする.

つぎに G_1, G_2 と G_1G_2, $G_1 \cap G_2$ との間にどのような関係が成立するかをしらべてみよう.

現代数学への招待
8

同型定理

定理 L は群 G の部分群, H は G の不変部分群であるとすると, HL は G の部分群である. そして HL/H は $L/(H \cap L)$ と同型である.

証明 まず H は G の不変部分群であるから, もちろん HL の不変部分群である. また $H \cap L$ は L の不変部分群である. なぜなら a が $H \cap L$ に属すれば L に属する任意の x で $x^{-1}ax$ をつくると, それは H が不変部分群であるから H に属し, x^{-1}, a, x がすべて L に属するから, L に属する. したがって $H \cap L$ に属する. だから $H \cap L$ は L の不変部分群である.

だから, HL/H と $L/(H \cap L)$ は2つとも意味がある. つぎにこの2つの剰余群のあいだに1対1対応をつけてみよう.

HL/H のある類 k と $L/(H \cap L)$ のある類 k' が共通部分をもつとする. その一つの要素を l とすると, k' の要素は $(H \cap L)l$ で表わされる. だからこれは Hl に含まれる.

$$(H \cap L)l \subset Hl$$

つまり $k' \subset k$.

また l_1 と l_2 がそれぞれ $L/(H \cap L)$ の2つの類 k_1', k_2' に属し HL/H の同じ類 k に属するとしよう.

このとき $l_1 = hl_2$ (h は H の要素), $h = l_1 l_2^{-1}$ となり h は $H \cap L$ に属する. したがって l_1 と l_2 は $L/(H \cap L)$ の同じ類に属する. したがって $k_1' = k_2'$.

つまり HL/H の1つの類は $L/(H \cap L)$ の1つの類を丸ごと含んでいて, しかもただ一つの類だけしか含んでいない.

ここで $k \supset k_1'$ という1対1対応が得られる. しかもこの対応が群の乗法に対して同型対応を与えることは明らかである. (証明終り)

この定理は図28のような図式にかくとわかりやすい. つまり平行四辺形の形に書いて長さが等しくて平行な HL/H と $L/(H \cap L)$ が同型になるのだと読めばよい. しかし L は HL の不変部分群になるとは限らないから HL/L という剰余群がつねにつくれるわけではない. だから HL/L と $H/(H \cap L)$ が同型であるなどとはいえない. しかし, さらに L が HL の不変部分群なら, HL/L と $H/(H \cap L)$ の同型がいえることはもちろんである.

この同型定理を最大公約数と最小公倍数の関係にあてはめてみよう.

G は有理整数の加法の群であるとする. m の倍数全体のつくる部分群を H, n のすべての倍数のつくる部分群を

図 28

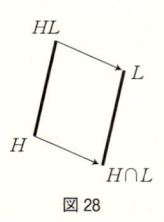

L とする．このとき G は可換群であるから，H も L も不変部分群となる．

$H \cap L$ は m と n の共通の倍数つまり公倍数のつくる群であるから，m, n の最小公倍数 r の倍数である．

HL は $mx+ny$（x, y は任意の整数）という形のすべての数の集合である．このような数のなかで 0 でなくて絶対値の最小な数を s とする．$mx+ny$ はすべて s の倍数である．だから m も n も s の倍数である．つまり s は m, n の公約数である．m, n の任意の公約数を t とすると，この t は $H \cap L$ のすべての数を割り切る．だから s も割り切る．そこで s は最大公約数であることがわかる．

つまり HL は s の倍数である．

ここでまえの同型定理を適用してみる．

HL/H の位数は $\dfrac{m}{s}$ である．また $L/(H \cap L)$ の位数は $\dfrac{r}{n}$ である．

HL/H と $L/(H \cap L)$ は同型であるから，それらの位数はもちろん一致しなければならない．

$$\frac{m}{s} = \frac{r}{n}$$

したがって

$$rs = mn.$$

つまり

「2つの整数の最大公約数と最小公倍数の積はその2数の積に等しい」

ということが証明されたのである.

この同型定理を図示すると図29のようになる.

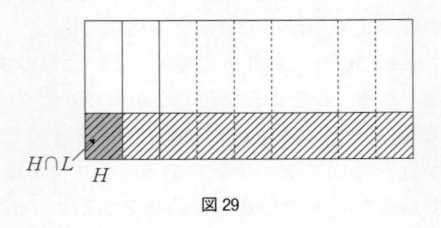

図29

全体は HL, 斜線を入れた部分は L, 列は HL/H の類, 斜線を入れた列は $L/(H \cap L)$ の類である.

体

群についての大まかな説明を終わったので, つぎは体についてのべることにしよう.

「体」というのはドイツ語の Körper, フランス語の

corps を直訳したものであって，人間の身体とは別に何の関係もない．コトバをいくらこまかく調べてみても何もわからない．英語では field というから，英語のほうを直訳すると，「場」ということになるだろうが，これも物理学の電磁場などとは何の関係もない．むかし英語でも Körper の直訳として corpus というコトバをつかっていたことがあるが，これには「死体」などという縁起でもない意味があるので field に変えたのであるらしい．

体とは何かというと，それは数学的に定義するほかはない．

まず，それはなにかのものの集合である．その上に $+, -, \times, \div$ の演算が定義されている．つまり一つの代数的な構造（structure）である．

正確にいうとつぎのようになる．集合 K がつぎの条件をみたすとき，体と名づける．

(1) K は可換群である．その群の乗法は $a+b$ のように加法で表わす．その群の単位元を 0 で表わす．

(2) K から 0 を除いた K' は別のある可換群をなす．この群の乗法は ab のように乗法で表わす．

(3) 加法と乗法とのあいだには分配法則が成り立つ．
$a(b+c) = ab+ac,$
$(b+c)a = ba+ca.$

コトバをかえていうと，体 K は $+, -, \times, \div$ という四則の定義された集合であって，その四則は結合法則，交換法則，分配法則をみたしている．

そういうと，体の例はすでにいくらでも知っているだろう．たとえば K としてすべての有理数の集合をとれば，それは普通の加減乗除について体をつくることがわかる．

またすべての実数の集合も普通の加減乗除に対して体をつくっている．

しかし，すべての整数の集合は体にはならない．なぜなら，加法については群をつくるが，乗法については群をつくらないからである．任意の a について a^{-1} が存在しないのである．

体は加法群であると同時に乗法群（0を除いて）であるから，近ごろ流行のコトバをつかうと「二重構造」になっている．だから，加法群の単位元0と乗法群の単位元の1は必ず含んでいなければならない．つまり体は最低2つの要素を含んでいることになる．

ところが，その0と1だけしか含んでいない体が存在するのである．これはもちろん最小の体である．

加法はつぎのように定義される．

$$0+0 = 0$$
$$0+1 = 1$$
$$1+0 = 1$$
$$1+1 = 0$$

表にすると，表8のようになる．

乗法は，表9のようになる．

これに対して結合，交換，分配の諸法則が成り立つことは試してみればわかる．

加法

	0	1
0	0	1
1	1	0

表8

乗法

	0	1
0	0	0
1	0	1

表9

この体の四則は整数を偶数と奇数に分けたときの加減乗除と同じである.

偶数＋偶数 ＝ 偶数 —— $0+0=0$
偶数＋奇数 ＝ 奇数 —— $0+1=1$
奇数＋偶数 ＝ 奇数 —— $1+0=1$
奇数＋奇数 ＝ 偶数 —— $1+1=0$

乗法については

偶数×偶数 ＝ 偶数 —— $0 \cdot 0 = 0$
偶数×奇数 ＝ 偶数 —— $0 \cdot 1 = 0$
奇数×偶数 ＝ 偶数 —— $1 \cdot 0 = 0$
奇数×奇数 ＝ 奇数 —— $1 \cdot 1 = 1$

つまり
> 偶数 → 0
> 奇数 → 1

という対応をつけると，偶数と奇数のあいだの加減乗除と同型なのである．

このような体は最小の体で有限個の要素をもっている．この体のほかにも有限個の要素をもっている体はないだろうか．

たとえば3個の要素をもった体も存在する．その各要素を 0, 1, 2 で表わす．

$$K = \{0, 1, 2\}$$

加法は3の倍数が0になるように定義しておく（表10）．
乗法もやはり同様である（表11）．

$$2 \cdot 2 = 4 = 1+3$$

であるから，2・2＝1 となっている．

このように3個の要素からできている体も存在するのである．

加法

	0	1	2
0	0	1	2
1	1	2	0
2	2	0	1

表10

乗法	0	1	2
0	0	0	0
1	0	1	2
2	0	2	1

表11

　結論的にいうと1つの素数 p の累乗 p^n 個の要素をもつ体は存在することがいえる．このように有限個の要素をもつ体を有限体という．この有限体の存在をはじめて発見したのはガロア（1811-1832）であったから，有限体のことを Galois field ともよんでいる．

有限体

　有限体は一般にどんな構造をもっているかを，つぎに述べよう．

　以下においては乗法の単位元を1ではなく e で表わすことにしよう．

　まずこの e をどんどん加えていってみよう．

$$e+e+\cdots$$

e を n 個加えたものを ne で表わすことにする．

$$\underbrace{e+e+\cdots+e}_{n} = ne$$

この n は K の要素であるとは限らない.だから ne は K の 2 つの要素の積という意味はもっていない.

ne の意味から

$$(n \pm m)e = ne \pm me$$

となることは明らかであろう.

また

$$\underbrace{(e+e+\cdots+e)}_{n}\underbrace{(e+e+\cdots+e)}_{m} = \underbrace{e^2+e^2+\cdots+e^2}_{n \times m}$$
$$= \underbrace{e+e+\cdots+e}_{n \times m}$$

つまり,

$$ne \cdot me = nme$$

となる.

ここで

$$e, 2e, 3e, \cdots$$

をつくっていくと,K は有限体であるから,すべてがちがっていることはできない.だから,これらのうちの 2 つは同じでなければならない.

$$ne = me$$
$$(n-m)e = ne-me = 0$$

つまり e は何回か加えると 0 にならねばならない.

$$e+e+\cdots+e = 0$$

このような加える回数のもっとも小さいもの,換言すれば

$$e = e$$

$$2e = e+e$$
$$3e = e+e+e$$
$$\cdots\cdots\cdots\cdots$$

をつくっていって，最初に 0 となるものを pe であるとする．

$$pe = \underbrace{e+e+\cdots+e}_{p} = 0$$

このとき p はどうしても素数でなければならない．p が素数でないとすると，p は 2 つの因数に分かれる．

$$p = rs$$

r も s も p より小さいものとする．

$$0 = pe = rse = re \cdot se$$

仮に $re \cdot se$ のうち一方の re が 0 でないとすると，$(re)^{-1}$ が存在する．両辺に $(re)^{-1}$ をかけると，

$$0 = se.$$

つまり re, se のうち少なくとも一方は 0 でなければならない．$se=0$ とすると pe は最初に 0 になるという仮定に反する．

だから p はどうしても素数でなければならない．

K は必ず e を含むから，$e+e, e+e+e, \cdots$ もすべて含む．だから

$$0, e, 2e, \cdots, (p-1)e$$

を必ず含んでいなければならない．

これらの要素の集合を Π で表わす．

$$\Pi = \{0, e, 2e, \cdots, (p-1)e\}$$

つぎに Π が体であることを証明しよう.

加法について群をつくることは容易にわかる.

$$ne+me = (n+m)e$$

で $n+m$ が p をこせば pe を引いておけばよいし, ne の逆元は $(p-n)e$ にとればよい.

問題は除法である. $n \neq 0$ のとき, ne の逆元をどのようにして求めるかを考えねばならない. つまり

$$ne \cdot xe = e$$

となる x をみつけることである.

$$nxe = e$$

つまり

$$nx = 1+yp$$

となるような整数の x,y を発見すればよいのである. これは n が p と互いに素であることから, 必ず存在することがいえる.

つまり, このようにして得た xe が ne の逆元なのである.

$$xe = (ne)^{-1}$$

だから Π が体であることがわかった. この Π は K のなかに含まれている最小の体であるから, 素体と名づけられている.

これは整数論のコトバに翻訳すると, 素数 p を法とする剰余系のつくる体にほかならない.

$p=5$ のときの加法と乗法の表をつくると, 表12, 表13 のようになっている.

加法

	0	1	2	3	4
0	0	1	2	3	4
1	1	2	3	4	0
2	2	3	4	0	1
3	3	4	0	1	2
4	4	0	1	2	3

表12

乗法

	0	1	2	3	4
0	0	0	0	0	0
1	0	1	2	3	4
2	0	2	4	1	3
3	0	3	1	4	2
4	0	4	3	2	1

表13

この2つの表で $p=5$ の体の構造が完全にきまるのである.

加法

	0	1	2	3	4	5	6
0	0	1	2	3	4	5	6
1	1	2	3	4	5	6	0
2	2	3	4	5	6	0	1
3	3	4	5	6	0	1	2
4	4	5	6	0	1	2	3
5	5	6	0	1	2	3	4
6	6	0	1	2	3	4	5

表14

乗法

	0	1	2	3	4	5	6
0	0	0	0	0	0	0	0
1	0	1	2	3	4	5	6
2	0	2	4	6	1	3	5
3	0	3	6	2	5	1	4
4	0	4	1	5	2	6	3
5	0	5	3	1	6	4	2
6	0	6	5	4	3	2	1

表15

$p=7$ とすると，表14, 表15 のようになる．

現代数学への招待

9

体の標数

前章でのべたように体というのは加法群であると同時に乗法群である、という点で「二重構造」をもっているといえる.

加法群の単位元を0で表わし、乗法群の単位元を1(もしくはe)で表わす。このとき、0と1だけからできている最小の体が存在することを前章でのべておいた.

そればかりではなく、位数が$3, 5, 7, \cdots$となる有限体の実例もあげておいた.

ここでもっと一般的に考えてみよう.

体のなかには乗法の単位元eが必ず含まれているが、このeが加法群のなかでどのようなふるまいをするかに注目してみよう.

eをつぎつぎに加えていくとき、これはみな体Kの要素である.

e

$e+e$

$e+e+e$

....

ここで二つの場合がおこる．

(1) この要素の列はみな互いに異なっている．

(2) 同じものがくりかえす．

(1) のばあいは無限個の要素が K のなかに含まれることになって，K はもちろん有限体ではない．このとき，

$e \longrightarrow 1$

$e+e \longrightarrow 2$

$e+e+e \longrightarrow 3$

....

という対応をつけると，これは自然数の集合と1対1対応がつけられる．

さらに，0 と 0 を対応させ，

$-e \longrightarrow -1$

$-(e+e) \longrightarrow -2$

$-(e+e+e) \longrightarrow -3$

....

という対応をつけると，これは整数全体と対応がつけられる．

さらに進んで

$$\underbrace{(e+\cdots+e)}_{m}\underbrace{(e+\cdots+e)}_{n}{}^{-1} \longrightarrow \frac{m}{n}$$

という対応を考えると，これは有理数全体と1対1対応が

つけられる.

結局 K は有理数全体の体と同型な体を含むことになる.

(2) のばあいは,前章でのべたように e を素数回数だけ加えると 0 になる.

$$\underbrace{e+e+\cdots+e}_{p} = 0$$

このような素数 p が体 K の構造を特徴づける重要な数であることがわかる. この数 p をその体の標数(characteristic)という.

(1) のばあいには e は有限回ではくり返さないので,そのような素数は存在しない. このばあいには標数は無限大としてもよいかもしれないが,ここでは標数が 0 であるという. これまでわれわれが知っていた有理数体,実数体,複素数体の標数はすべて 0 である.

標数 p の体は e ばかりではなく,あらゆる要素が p 個加えられると 0 になることを注意しておこう.

$$\underbrace{a+a+\cdots+a}_{p} = \underbrace{ae+ae+\cdots+ae}_{p} = a(\underbrace{e+e+\cdots+e}_{p})$$
$$= a\cdot 0 = 0.$$

標数 p の体と標数 0 の体とはいろいろの点でたいへんちがっている. そのちがいのなかでも大小関係の点がとくにちがっている.

標数 0 の有理数体では各要素のあいだに大小関係がつけられる. それは不等号 < によって表わされる.

もっとくわしくいうと,有理数体 R の要素は正,負,0

の3種類に分けられる.

正の要素 a は $a>0$, 負の要素 a は $a<0$ と書き表わせば,

(1) $a>0$, $b>0$ ならば $a+b>0$, $ab>0$.

(2) $a>0$ ならば $-a<0$.

このような条件を満足するような正, 負, 0 に分けることができるのである. だから有理数全体を一直線上にならべることができる.

しかし, 標数 p の体はそうはいかないのである.

そのことを示そう.

まず e は正か負かを考えてみよう.

もし $e<0$ とすれば $-e>0$, $(-e)(-e)>0$, $e^2=e>0$. だから $e>0$ でなければならない.

ところが

$$\underbrace{e+e+\cdots+e}_{p} = 0$$

において e を移項すると

$$\underbrace{e+e+\cdots+e}_{p-1} = -e$$

左辺は正の要素を加えたものであるから正であるのに対して, 右辺は明らかに負である. だから

$$正 = 負$$

ということになって矛盾である.

したがって標数 p の体には大小関係を導入することはできないのである.

有理数体は一直線上にならべることができるが、標数 p の体はそうはいかない。標数 p の素体はしいて空間的にならべようとするなら、直線ではなく、円周上にならべたほうがよい。

たとえば $p=5$ の素体は、円周を 5 等分した点上に $e, e+e, \cdots$ とならべておくとわかりやすい。

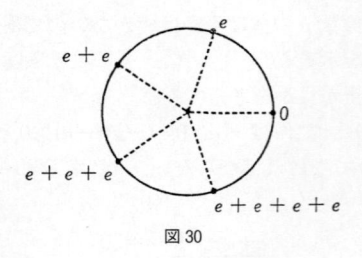

図 30

このとき加法が回転によってうまく表わされるからである。

しかし、乗法はそのままではうまくいかないので、0 を除いた 4 個の要素をならべかえねばならない。

$$(e+e)^2 = e+e+e+e$$
$$(e+e)^3 = e+e+e$$
$$(e+e)^4 = e$$

であるから、図 31 のようにならべるとよい。

以上のことから、大ざっぱにいうと標数 0 の体は「直線的」で、標数 p の体は「円的」であるといえよう。

図31の中央に円があり、円周上および内部に $e+e$、$e+e+e+e$、e、$e+e+e$ が配置されている。

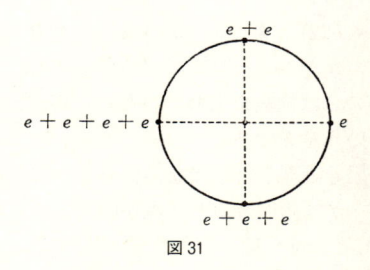

図31

最小の体

数学では極端なものが重要な意味をもっていることが多いが，体でも極端に要素の少ない体が注目に価する性質をもっている．そのような最小の体は前章でのべたように 0 と e だけからできている体で，それはもちろん標数 2 の素体である．

e を 1 で書くことにすると加法と乗法はつぎの表 16, 表 17 で表わされる．

加法

	0	1
0	0	1
1	1	0

表 16

乗法

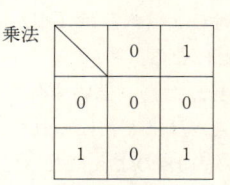

	0	1
0	0	0
1	0	1

表 17

この体を $GF(2)$ と書くことにする．一般に有限体を Galois field というから，その頭文字をとって GF と書く．カッコのなかの 2 は位数を表わす．だから $GF(2)$ は位数が 2 の有限体という意味である．

$GF(2)$ は記号論理学と密接な関係をもっている．

$A, B, C, \cdots$ が「雨が降る」，「風が吹く」，「私は学校へ行く」，…などという命題を表わす記号とする．これらの命題は真であるか偽であるかのどちらかであるとする．世論調査では「賛成」，「反対」のほかに「わからない」という票がかなりあるが，ここでは，ある命題は真か偽かのどちらかであるとして，第 3 のばあいを許さないものとするのである．

A と B を「または」(or) でつないだ命題を $A \vee B$ で表わし，これを選言命題と名づける．

A が「雨が降る」，B が「風が吹く」であったら $A \vee B$ は「雨が降るか，または風が吹く」という命題になる．

これに対して A と B を「そして」(and) でつないだ命題を $A \wedge B$ で表わし，これを連言命題とよぶことにする．上の例では $A \wedge B$ は「雨が降って，そして風が吹く」ということになる．

A, B は真，偽いずれにもなり得るものとすると，$A \vee B$ と $A \wedge B$ はそれにつれてどうなるかをみよう．すると，つぎの表 18 のようになっている．

A	B	$A \vee B$	$A \wedge B$
真	真	真	真
偽	真	真	偽
真	偽	真	偽
偽	偽	偽	偽

表18

ここで,仮に $A \vee B = f(A, B)$ という2変数関数の形に書いて,A, B は {真, 偽} という値をとる変数で $f(A, B)$ はそれにつれて,やはり真,偽いずれかの値をとる関数とみなすことができる.

ここで真,偽という値を $GF(2)$ の0と1にうまく対応させることを考えてみよう.

連言命題にはまずつぎの恒等式が成立することに注目しよう.

$$A \wedge A = A$$

ここで $\wedge$ を $\times$ になぞらえてみると,$A \times A = A$ になり,A は0か1かの値をとり,その関係がそっくりそのままになっていることに気づくにちがいない.

ここで偽→0,真→1とおきかえると,次ページの表19はその右の表20に入れかわる.

$A \wedge B$	B＼A	偽	真
	偽	偽	偽
	真	偽	真

表19

$A \times B$	B＼A	0	1
	0	0	0
	1	0	1

表20

つまり $A \wedge B = f(A, B)$ という {真, 偽} の値をとる関数は，$A \cdot B$ という $GF(2)$ の値をとる関数でおきかえることができる．

つぎに「否定」はどうなるだろうか．

A が「雨が降る」であるとしたら，A の否定は「雨が降らない」であり，これは A'（もしくは $\overline{A}$, $\sim A$, … などと書くこともある）で表わすことにしよう．A' は A とは真，偽の値が正反対である．$GF(2)$ のなかでいうと，A が 0 のときは A' は 1，A が 1 のとき A' は 0 である．このような関数は $1-A$ である．だから

$$A' = 1 - A$$

と書くことができるわけである．

また否定の否定は肯定だから

$$A'' = A.$$

さて，選言と連言のあいだにはつぎのような関係がある．

$$(A \vee B)' = A' \wedge B'$$
$$(A \wedge B)' = A' \vee B'$$

これは A, B に具体的な命題をあてはめてみると簡単に納得できよう．
$$(A \vee B)' = A' \wedge B'$$
の両辺の否定をつくると
$$A \vee B = (A' \wedge B')'.$$
これを $GF(2)$ のなかで考えると
$$\begin{aligned}A \vee B &= 1-(A' \wedge B') \\ &= 1-(1-A)(1-B) \\ &= 1-(1-A-B+AB) \\ &= A+B-AB.\end{aligned}$$
しかし $-AB = AB$ であるから
$$= A+B+AB$$
と書いてもよい．

つまり，$\vee$ と $\wedge$ は $GF(2)$ のなかの $+, \times$ で表わすことができるのである．

ところで，$A \vee B$ や $A \wedge B$ は $GF(2)$ の上で定義された，2変数の関数であるが，このような関数一般について考えてみよう．

n 変数の関数
$$y = f(x_1, x_2, \cdots, x_n)$$
を考えてみよう．ここで $x_1, x_2, \cdots, x_n$ は $GF(2)$ の要素である $0, 1$ という値をとるものとする．そのとき $x_1, x_2, \cdots, x_n$ が互いに他と無関係に 0 か 1 かの値をとるものとすると，$x_1, x_2, \cdots, x_n$ の値の組合わせは，2^n となる（表21）．

x_1	x_2	x_3	⋯	x_n
0	0	0	⋯	0
1	1	1	⋯	1

表 21

別のコトバでいうと，$GF(2)$ の直積となる．

$$\underbrace{GF(2)\times GF(2)\times\cdots\times GF(2)}_{n}$$

ところで y も $GF(2)$ の要素 $0, 1$ という値をとる．つまり $f(x_1, x_2, \cdots, x_n)$ は $GF(2)\times GF(2)\times\cdots\times GF(2)$ から $GF(2)$ への写像を与えていると考えてよい．

そのような写像の全体は全部でいくつあるかというと，それはいうまでもなく $2^{(2^n)}$ である．

だから，$n=2$ のときは

$$2^{(2^n)} = 2^{(2^2)} = 16$$

だけの関数があることになる．

図 32 のように $GF(2)\times GF(2)$ を平面上にかいてみよう．

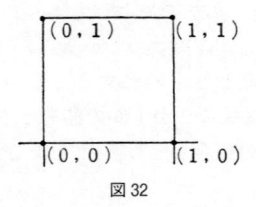

```
(0,1)    (1,1)



(0,0)    (1,0)
```

図 32

この4個の点における値は0, 1のどれかになるが，その組合わせの全体はつぎのとおりである．

$$\begin{bmatrix} 0 & 1 \\ 0 & 0 \end{bmatrix} \begin{bmatrix} 1 & 1 \\ 1 & 0 \end{bmatrix} \begin{bmatrix} 0 & 1 \\ 1 & 0 \end{bmatrix} \begin{bmatrix} 0 & 1 \\ 1 & 1 \end{bmatrix} \begin{bmatrix} 0 & 0 \\ 1 & 0 \end{bmatrix}$$

$$\begin{bmatrix} 1 & 1 \\ 0 & 1 \end{bmatrix} \begin{bmatrix} 1 & 0 \\ 0 & 0 \end{bmatrix} \begin{bmatrix} 1 & 0 \\ 0 & 1 \end{bmatrix} \begin{bmatrix} 0 & 0 \\ 0 & 1 \end{bmatrix} \begin{bmatrix} 1 & 0 \\ 1 & 1 \end{bmatrix}$$

$$\begin{bmatrix} 0 & 0 \\ 0 & 0 \end{bmatrix} \begin{bmatrix} 1 & 1 \\ 0 & 0 \end{bmatrix} \begin{bmatrix} 0 & 1 \\ 0 & 1 \end{bmatrix}$$

$$\begin{bmatrix} 1 & 1 \\ 1 & 1 \end{bmatrix} \begin{bmatrix} 0 & 0 \\ 1 & 1 \end{bmatrix} \begin{bmatrix} 1 & 0 \\ 1 & 0 \end{bmatrix}$$

このなかで $\begin{bmatrix} 0 & 1 \\ 0 & 0 \end{bmatrix}$ が $A \wedge B$, $\begin{bmatrix} 1 & 1 \\ 0 & 1 \end{bmatrix}$ が $A \vee B$ である．

このような関数 $f(x_1, x_2, \cdots, x_n)$ の具体的モデルとしては図33のようなスイッチ回路がある．

$x_1, x_2, \cdots, x_n$ は n 個のスイッチでそのおのおのは on か off かの2つの状態になり得る．

箱の中の電線のつなぎ方は外から見えないが，とにかく y にランプがついていて，$x_1, x_2, \cdots, x_n$ の状態にしたがって

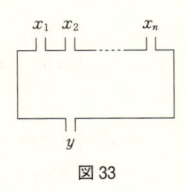

図33

ついたり消えたりするものとする．
$$\text{on} \to 1, \quad \text{off} \to 0$$
という対応をつけると，この y は
$$y = f(x_1, x_2, \cdots, x_n)$$
という関数になることがわかる．

このようにスイッチ回路の研究には $GF(2)$ の上の n 変数の関数が利用できるのである．

標数 p の体

標数 p の体はいろいろの点で標数 0 の体とちがっている．たとえば
$$(a+b)^p = a^p + b^p$$
という恒等式が成立することも標数 0 の体からは考えられないことである．

2項定理をつかうと
$$(a+b)^p = a^p + \binom{p}{1}a^{p-1}b + \binom{p}{2}a^{p-2}b^2$$
$$+ \cdots + \binom{p}{p-1}ab^{p-1} + b^p$$
となる．

ここで $\binom{p}{1}, \binom{p}{2}, \cdots$ はそれだけ同じ要素を加えるという意味である．

これらの数がすべて p の倍数であることが証明されれ

ば標数 p ということから 0 になることがわかる．

$$\binom{p}{m} = \frac{p!}{m!(p-m)!} \qquad (1 \leq m < p)$$

であるから

$$p! = \binom{p}{m} m!(p-m)!$$

$m!$ も $(p-m)!$ も p で割り切れないが左辺は p で割り切れるので $\binom{p}{m}$ が p で割り切れねばならない．

(証明終り)

だから，2 項展開の中間の項はすべて消えてしまい，両端だけが残るから，

$$(a+b)^p = a^p + b^p$$

という恒等式が成り立つ．

これは標数 0 の体だけを知っている人にはまことに奇妙な公式であろう．代数を学びはじめた中学生はよく，

$$(a+b)^2 = a^2 + b^2$$

などというまちがいをやるが，これは実数体のような標数 0 の体では明らかにまちがいであるが，標数 2 の体では正しいのである．

現代数学への招待
10

環

　体よりも条件のゆるやかなものとして環（ring）がある．体と同じように環という名称も，商品の商標のようなものであって，品質そのものとはあまり関係はない．「ハチぶどう酒」といってもハチとぶどう酒とは無関係なのと同じである．

　環には ＋，－，× だけが定義されていて，÷ については何もいっていない．

　環はまず，

　（1）加法群である．加法は ＋ で，逆の演算は － で表わす．

　　　$a+b$, $a-b$

この加法群の単位元を 0 で表わす．

　（2）もう一つの演算，つまり乗法が定義されていて，これを ab で表わす．この乗法はふつう結合法則を満足している．

　　　$(ab)c = a(bc)$

しかし結合法則の成立しない環もある．

逆元については何も規定されていない．また交換法則 $ab=ba$ も成立するとはかぎらない．

(3) 加法と乗法のあいだには，分配法則が成立する．
$$a(b+c) = ab+ac$$
$$(b+c)a = ba+ca$$
このような環の実例をつぎにいくつかあげてみよう．

環の実例

(1) 正負の整数の集合で加法と乗法は通常のものをとる．
$$\Gamma = \{\cdots, -3, -2, -1, 0, +1, +2, +3, \cdots\}$$
これが環をなすことはいうまでもない．

(2) 実数を係数とするすべての多項式の集合を通常の + と × で結びつけるもの．
$$f(x) = a_0 + a_1 x + \cdots + a_n x^n$$

(3) 実数を要素とする2行2列の行列の全体を行列の加法と乗法によって結びつけるもの．
$$A = \begin{bmatrix} 実数, & 実数 \\ 実数, & 実数 \end{bmatrix}$$

このような行列のつくる環には交換法則は成立しない．その実例としては，
$$A = \begin{bmatrix} 1 & 3 \\ 2 & 4 \end{bmatrix}, \ B = \begin{bmatrix} 2 & 4 \\ 3 & 5 \end{bmatrix}$$

とすると,
$$AB = \begin{bmatrix} 1 & 3 \\ 2 & 4 \end{bmatrix}\begin{bmatrix} 2 & 4 \\ 3 & 5 \end{bmatrix} = \begin{bmatrix} 11 & 19 \\ 16 & 28 \end{bmatrix}$$
$$BA = \begin{bmatrix} 2 & 4 \\ 3 & 5 \end{bmatrix}\begin{bmatrix} 1 & 3 \\ 2 & 4 \end{bmatrix} = \begin{bmatrix} 10 & 22 \\ 13 & 29 \end{bmatrix}$$

ここで AB と BA をくらべてみると,明らかにちがっている. つまり
$$AB \neq BA.$$

(4) $GF(2)=\{0,1\}$ の要素を要素にもつ 2 行 2 列の行列で,第 2 列はすべて 0 になるもの.

$$\begin{bmatrix} 0 & 0 \\ 0 & 0 \end{bmatrix}=0, \quad \begin{bmatrix} 1 & 0 \\ 1 & 0 \end{bmatrix}=a_1, \quad \begin{bmatrix} 1 & 0 \\ 0 & 0 \end{bmatrix}=a_2, \quad \begin{bmatrix} 0 & 0 \\ 1 & 0 \end{bmatrix}=a_3$$

このような行列が環をつくることは,つぎのような表から見てとれる(表 22, 表 23).

この環は有限個の要素から成り立っている. そして交換

+	0	a_1	a_2	a_3
0	0	a_1	a_2	a_3
a_1	a_1	0	a_3	a_2
a_2	a_2	a_3	0	a_1
a_3	a_3	a_2	a_1	0

表 22

×	0	a_1	a_2	a_3
0	0	0	0	0
a_1	0	a_1	a_1	0
a_2	0	a_2	a_2	0
a_3	0	a_3	a_3	0

表 23

図34

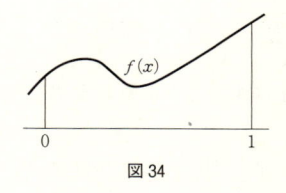

法則は成立しない．

(5) $[0,1]$ という区間で定義されたすべての連続関数の集合（図34）．これを通常の加法と乗法で結びつける．

これは交換法則の成立する――つまり可換な――環である．

以上のように環は体よりもはるかに範囲が広い．とくに(5)の例が示すように，連続関数の集合も環になるのであるから，解析学にも関係がふかくなってくる．

有限環

有限体の構造はひどく簡単であった．要素の個数が定まるとその型はただ1つにきまってしまう．ところが環になるとそうはいかない．要素の数がきまっても環としての構造はいくらでもあり得る．

しかしこのばあいもより単純なものに分解することはできる．

有限環 R の要素の数――つまり位数――が r で，この r は互いに素な m と n の積に分解するものとしよう．

$$r = m \cdot n$$
$$(m, n) = 1$$

R のなかで m 倍すると 0 になる要素全体の集合を R_1 とする.つまり,

$$\underbrace{a+a+\cdots+a}_{m} = ma = 0$$

となるような a の集合である.

同じく n 倍すると 0 になるような要素全体を R_2 とする.

まず R_1, R_2 が R の部分環をなすことを証明しよう.

R_1 に属する a, b について,
$$m(a+b) = ma+mb = 0+0 = 0,$$
$$m(ab) = (ma)b = 0 \cdot b = 0.$$

つまり R_1 は環をなす.R_2 についてもまったく同様である.

つぎに R_1 の任意の要素 a と,R_2 の任意の要素 b をかけてみよう.

$(m, n) = 1$ であるから,$sm - tn = 1$ となる 2 つの整数が存在するから,
$$ab = 1 \cdot ab = (sm-tn)ab = s(ma)b - ta(nb)$$
$$= 0 - 0 = 0.$$

つまり R_1 と R_2 の要素はかけると互いに消し合う.

つぎに R の任意の要素 x をとってくると
$$x = 1 \cdot x = (sm-tn)x = smx - tnx.$$

R の位数は mn であるから,$mnx = 0$.だから,

$$n(smx) = s(mnx) = s \cdot 0 = 0.$$

だから smx は R_2 に属する．同じく tnx は R_1 に属する．

したがって R の任意の要素は R_1, R_2 の要素の和で表わされる．

R_1 と R_2 の共通要素は 0 しかない．

なぜなら x が R_1, R_2 に含まれているとすると，
$$x = 1 \cdot x = (sm - tn)x = s(mx) - t(nx)$$
$$= 0 - 0 = 0$$

となるからである．

R の要素を x とし，それを R_1, R_2 の要素の和として表わしたとき，
$$x = x_1 + x_2$$
この表わし方は1通りしかない．

もし別の表わし方があったら
$$x = x_1' + x_2',$$
$$x_1 - x_1' = x_2' - x_2.$$
だから $x_1 - x_1' = 0$, $x_2' - x_2 = 0$.
$$x_1 = x_1', \quad x_2 = x_2'.$$

ここでつぎのことがわかった．

R の任意の要素は R_1 と R_2 の要素の和としてただ1通りに表わされる．
$$x = x_1 + x_2$$
$$y = y_1 + y_2$$
和と差は
$$x \pm y = (x_1 \pm y_1) + (x_2 \pm y_2)$$

となり，積は
$$xy = (x_1+x_2)(y_1+y_2) = x_1y_1 + x_2y_1 + x_1y_2 + x_2y_2$$
$$= x_1y_1 + x_2y_2$$

(下線部は 0, 0)

となる．

すなわち，R は R_1+R_2 の形に分解し，その加減乗は R_1, R_2 のなかだけで他とは無関係に行なうことができる．

このようなばあい R は R_1 と R_2 の直和であるといい，$R=R_1+R_2$ とかく．

R_1 の位数は m であり，同じく R_2 の位数は n であることは容易に証明できる．だからつぎの定理が証明されたことになる．

定理 m, n が互いに素であるとき位数 mn の環は位数が m, n の環の直和に分解される．

もし
$$r = p_1{}^{\alpha_1} p_2{}^{\alpha_2} \cdots p_s{}^{\alpha_s}$$
とすると，この定理をつぎつぎに適用すると，有限環は素数の冪を位数にもつ環の直和に分解してしまう．

だから結局このような環の構造を研究しておいて，そのあとでその直和をつくると，すべての有限環の構造はわかるはずである．

体のばあいには容易にわかるが，環のばあいは素数冪の位数をもつすべての環を数えあげることは容易ではない．

準同型環

 環がつくりだされてくるプロセスの一つとして準同型のつくる環がある.

 M がある加法の群であるとする.
$$M = \{a, b, c, \cdots\}$$
任意の a, b に対して
$$a \pm b \in M$$
となるものとする.

 ここで M の要素 a を M の要素 a' にうつす写像 α があって, つぎの条件を満足しているものとする.
$$\alpha(a \pm b) = \alpha(a) \pm \alpha(b)$$

 和を和に変えるが, 1対1とは限らず一般には多対1であってもよいとしておくから, 準同型である.

 このようなすべての準同型の集合
$$R = \{\alpha, \beta, \cdots\}$$
をとる.

 この R のなかにつぎのようにして加法と減法を定義しよう.
$$(\alpha \pm \beta)(a) = \alpha(a) \pm \beta(a)$$
そのようにして定義した和と差はやはり準同型である. なぜなら,
$$\begin{aligned}(\alpha \pm \beta)(a+b) &= \alpha(a+b) \pm \beta(a+b) \\ &= \alpha(a) + \alpha(b) \pm \beta(a) \pm \beta(b) \\ &= (\alpha(a) \pm \beta(a)) + (\alpha(b) \pm \beta(b))\end{aligned}$$

$$= (\alpha+\beta)(a) \pm (\alpha+\beta)(b)$$

となるからである.

また積 $\alpha\beta$ は,

$$\alpha\beta(a) = \alpha(\beta(a))$$

で定義する. そうすると, これはまた準同型である.

$$\alpha\beta(a+b) = \alpha(\beta(a)+\beta(b)) = \alpha(\beta(a))+\alpha(\beta(b))$$
$$= \alpha\beta(a)+\alpha\beta(b)$$

つまり, $\alpha\beta$ もやはり準同型である.

つぎに加法の交換法則をためしてみよう.

$$(\alpha+\beta)(a) = \alpha(a)+\beta(a) = \beta(a)+\alpha(a)$$
$$= (\beta+\alpha)(a)$$

しかし乗法の交換則は一般に成立しない.

結合法則は,

$$\{(\alpha+\beta)+\gamma\}(a) = (\alpha+\beta)(a)+\gamma(a)$$
$$= (\alpha(a)+\beta(a))+\gamma(a) = \alpha(a)+(\beta(a)+\gamma(a))$$
$$= \alpha(a)+(\beta+\gamma)(a) = \{\alpha+(\beta+\gamma)\}(a)$$
$$\{(\alpha\beta)\gamma\}(a) = \alpha\beta(\gamma(a)) = \alpha(\beta(\gamma(a)))$$
$$\{\alpha(\beta\gamma)\}(a) = \alpha((\beta\gamma)(a)) = \alpha(\beta(\gamma(a))).$$

分配法則はつぎのようにする.

$$\{\alpha(\beta+\gamma)\}(a) = \alpha((\beta+\gamma)(a)) = \alpha(\beta(a)+\gamma(a))$$
$$= \alpha(\beta(a))+\alpha(\gamma(a)) = (\alpha\beta)(a)+(\alpha\gamma)(a)$$
$$= (\alpha\beta+\alpha\gamma)(a)$$

$$(\beta+\gamma)\alpha = \beta\alpha+\gamma\alpha$$

についてもまったく同じである.

以上で R が環をつくることがわかった.

このような環を加群 M の準同型環という．

たとえば M が位数 n の巡回加群
$$M = \{0, 1, 2, \cdots, n-1\}$$
で mod n の剰余で表わされるものとする．

α が 1 を m にうつすものとする．
$$\alpha(1) = m$$
このとき，
$$\alpha(s) = \alpha(\underbrace{1+1+\cdots+1}_{s}) = \alpha(1)+\alpha(1)+\cdots+\alpha(1)$$
$$= s\alpha(1) = sm$$
だから，このような準同型はただ 1 つしかない．これを α_m で表わす．
$$(\alpha_l+\alpha_m)(1) = \alpha_l(1)+\alpha_m(1) = l+m$$
つまり
$$\alpha_l+\alpha_m = \alpha_{l+m}.$$
$$(\alpha_l\alpha_m)(1) = \alpha_l(\alpha_m(1)) = \alpha_l(m) = m\alpha_l(1) = lm.$$
したがって
$$\alpha_l\alpha_m = \alpha_{lm}.$$
$$\alpha_n(1) = n \equiv 0 \quad (\text{mod } n)$$
であるから
$$\alpha_n = \alpha_0.$$
だからこの環は mod n の剰余のつくる環と同じである．

M が巡回群でなくなるとその準同型環は簡単にはわからなくなる．

M を整数の成分をもつ n 次元のベクトルのつくる加法

の群,つまり n 次元の格子点の群であるとする.
このとき,

$$\begin{bmatrix}1\\0\\0\\\vdots\\0\end{bmatrix}=e_1, \begin{bmatrix}0\\1\\0\\\vdots\\0\end{bmatrix}=e_2, \cdots, \begin{bmatrix}0\\0\\0\\\vdots\\1\end{bmatrix}=e_n$$

とする.この準同型 α で $e_1, e_2, \cdots, e_n$ がそれぞれ,$A_1, A_2, \cdots, A_n$ にうつったとすると,

$$\alpha(e_1) = A_1, \ \alpha(e_2) = A_2, \cdots, \ \alpha(e_n) = A_n.$$

この $A_1, A_2, \cdots, A_n$ を知るだけで α は1通りに定まる.

$$A_1=\begin{bmatrix}a_{11}\\a_{21}\\\vdots\\a_{n1}\end{bmatrix}, \ A_2=\begin{bmatrix}a_{12}\\a_{22}\\\vdots\\a_{n2}\end{bmatrix}, \ \cdots, \ A_n=\begin{bmatrix}a_{1n}\\a_{2n}\\\vdots\\a_{nn}\end{bmatrix}$$

一般のベクトルを $X=\begin{bmatrix}x_1\\x_2\\\vdots\\x_n\end{bmatrix}$ とすると

$$X=\begin{bmatrix}1\\0\\\vdots\\0\end{bmatrix}x_1+\begin{bmatrix}0\\1\\\vdots\\0\end{bmatrix}x_2+\cdots+\begin{bmatrix}0\\0\\\vdots\\1\end{bmatrix}x_n$$

$$= e_1 x_1 + e_2 x_2 + \cdots + e_n x_n$$

$$\begin{aligned}\alpha(X) &= \alpha(e_1 x_1 + e_2 x_2 + \cdots + e_n x_n)\\ &= \alpha(e_1 x_1) + \alpha(e_2 x_2) + \cdots + \alpha(e_n x_n)\\ &= \alpha(e_1) x_1 + \alpha(e_2) x_2 + \cdots + \alpha(e_n) x_n\\ &= A_1 x_1 + A_2 x_2 + \cdots + A_n x_n\end{aligned}$$

$$= \begin{bmatrix} a_{11} & a_{12} & \cdots & a_{1n} \\ a_{21} & a_{22} & \cdots & a_{2n} \\ \vdots & \vdots & & \vdots \\ a_{n1} & a_{n2} & \cdots & a_{nn} \end{bmatrix} \begin{bmatrix} x_1 \\ x_2 \\ \vdots \\ x_n \end{bmatrix}$$

α はこの n 行 n 列の行列で完全に定まるので，α をこの行列と同一視してもさしつかえない．

このような α の全体は整数の要素をもつ行列の全体と同じである．

n 次元の格子点のベクトルの代わりに，$(-\infty, +\infty)$ の区間で定義された関数 $f(x), g(x), \cdots$ をとってみよう．

このとき，$f(x)$ を他のある関数にうつす準同型を α とすると，

$$\alpha(f(x) \pm g(x)) = \alpha(f(x)) \pm \alpha(g(x))$$

でなければならない．

その上にさらに c が定数のとき

$$\alpha(cf(x)) = c\alpha(f(x))$$

が成立するとき，α を線型作用素（linear operator）という．

このような例としては微分の演算がある．なぜなら

$$\frac{d}{dx}(f(x) \pm g(x)) = \frac{d}{dx}f(x) \pm \frac{d}{dx}g(x),$$

$$\frac{d}{dx}(cf(x)) = c\frac{d}{dx}f(x)$$

となるからである．ただし $f(x), g(x)$ はともに微分可能であるとする．

このように考えると $f(x)$ からきりはなして $\dfrac{d}{dx}$ という

オペレーターを考えることができることになった.

このオペレーターはもちろん解析学で重要である.

いま $f(x)$ を $xf(x)$ に変えるオペレーターを単に x とかくことにすると,

$$\frac{d}{dx}(xf(x)) = x\frac{d}{dx}f(x) + f(x)$$

$f(x)$ を変えないオペレーターを E とかくと,

$$= \left(x\frac{d}{dx} + E\right)f(x).$$

だからオペレーターとしては

$$\frac{d}{dx}x = x\frac{d}{dx} + E$$

という関係式が成り立つ. このように $\frac{d}{dx}$ と x は可換ではないのである.

この関係式は量子力学の不確定性原理に関連する.

現代数学への招待
11

多元環

これまでのべたように環といっただけではあまりに種類が多すぎて,簡単につかまえることはむつかしいくらいである.

そこで精密な研究を行なうには,環にいろいろの条件をつけ,もっと多くの手がかりを与えて,その上で研究を進めていくほかはない.

そのように特殊化された環のなかの一群として多元環といわれるものがある.

多元環というのは algebra の訳であるが,この algebra は「代数学」という学問の名前ではなく,ある特殊な環の一群の総称である.アメリカの数学者ディクソン (Dickson) の古典的な著書に

　　Dickson, *Algebras and their arithmetics*, 1923

という本があるが,この algebras は複数になっていることに注意されたい.「代数学」だったら複数にはなりそうもないが,「多元環」だからいくらでも複数になれるのであ

る．

　もちろん，多元環というものが，忽然として数学のなかに姿を現わしたわけではない．やはり一歩一歩意味の拡張を行なって，最後に到達した概念である．

　多元環のそもそもの起こりは複素数である．

　そこで，環という観点から複素数をながめてみることにしよう．「複素」というのは素がたくさんある，という意味であろうが，素というのは 1 と i である．だから素が 2 つであることになり，「2 素数」といったほうがより精密かもしれない．

　1 と i に実数の a, b をかけて加えたもの，
$$a \cdot 1 + b \cdot i$$
が複素数である．これを一般化するために 1 と i を u_1, u_2, a, b を a_1, a_2 という文字で書きかえると，つぎのようになる．
$$a_1 u_1 + a_2 u_2.$$

　ここで加法はつぎのようになる．2 つの複素数 $a_1 u_1 + a_2 u_2$ と $a_1' u_1 + a_2' u_2$ を加えると，
$$(a_1 u_1 + a_2 u_2) + (a_1' u_1 + a_2' u_2)$$
$$= (a_1 + a_1') u_1 + (a_2 + a_2') u_2.$$
同じく減法は
$$(a_1 u_1 + a_2 u_2) - (a_1' u_1 + a_2' u_2)$$
$$= (a_1 - a_1') u_1 + (a_2 - a_2') u_2$$
となる．つまり，係数はそのまま加えられるのである．

　これは 2 次元のベクトルと同じものである．

図 35

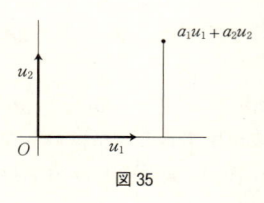

　u_1, u_2 を横,縦の座標にとると,$a_1u_1+a_2u_2$ は平面上の点に写される.

　これがガウス平面であった(図 35).

　もう一つ実数をかける計算は分配法則が成り立つものとすると,
$$b(a_1u_1+a_2u_2) = b(a_1u_1)+b(a_2u_2)$$
さらに結合法則が成り立つと仮定すると
$$= (ba_1)u_1+(ba_2)u_2.$$
これは図形的にいうとベクトルを同じ方向に b 倍に伸縮することである.これがスカラー乗法にあたる.

　しかし複素数にはもうひとつの演算,すなわち乗法がある.

　2つの複素数 $a_1u_1+a_2u_2$ と $a_1'u_1+a_2'u_2$ をかけたとき,
$$(a_1u_1+a_2u_2)\cdot(a_1'u_1+a_2'u_2)$$
左と右からの分配法則を仮定すると
$$= a_1u_1(a_1'u_1+a_2'u_2)+a_2u_2(a_1'u_1+a_2'u_2).$$
さらに加法の結合法則を仮定すると,
$$= (a_1u_1)\cdot(a_1'u_1)+(a_1u_1)\cdot(a_2'u_2)+(a_2u_2)\cdot(a_1'u_1)$$
$$+(a_2u_2)\cdot(a_2'u_2).$$

この一つ一つの項で実数と u_1, u_2 の交換法則を仮定すると，
$$(a_1 u_1) \cdot (a_1' u_1) = (a_1 a_1')(u_1 u_1).$$
これを各々の項に適用すると，積はつぎの形になる．

(実数)$\cdot u_1 u_1 +$ (実数)$\cdot u_1 u_2 +$ (実数)$\cdot u_2 u_1$
  $+$ (実数)$\cdot u_2 u_2$

これが，ふたたび複素数になるためには，$u_1 u_1, u_1 u_2, u_2 u_1, u_2 u_2$ が

(実数)$\cdot u_1 +$ (実数)$\cdot u_2$

の形にならねばならない．

$$u_1 u_1 = a_{11}^1 u_1 + a_{11}^2 u_2$$
$$u_1 u_2 = a_{12}^1 u_1 + a_{12}^2 u_2$$
$$u_2 u_1 = a_{21}^1 u_1 + a_{21}^2 u_2$$
$$u_2 u_2 = a_{22}^1 u_1 + a_{22}^2 u_2$$

ここで a_{11}^1, a_{11}^2 という記号は 1 乗，2 乗という意味ではない．u_1, u_2 の係数という意味である．

複素数では
$$u_1 u_1 = 1 \cdot 1 = 1 = u_1 = 1 \cdot u_1 + 0 \cdot u_2,$$
$$u_1 u_2 = 1 \cdot i = i = u_2 = 0 \cdot u_1 + 1 \cdot u_2,$$
$$u_2 u_1 = i \cdot 1 = i = u_2 = 0 \cdot u_1 + 1 \cdot u_2,$$
$$u_2 u_2 = i \cdot i = -1 = -u_1 = -1 \cdot u_1 + 0 \cdot u_2.$$
だから
$$a_{11}^1 = 1, \quad a_{11}^2 = 0,$$
$$a_{12}^1 = 0, \quad a_{12}^2 = 1,$$
$$a_{21}^1 = 0, \quad a_{21}^2 = 1,$$

$$a_{22}^1 = -1, \quad a_{22}^2 = 0$$

となる.

ここで2を一般化して n とすると，一般的な多元環ができる.

$$a_1 u_1 + a_2 u_2 + \cdots + a_n u_n$$

という形の1次結合で，係数の $a_1, a_2, \cdots, a_n$ は実数に限らず一般的な体であるとする．体というのは加減乗除に対して閉じている要素の集まりである．そしてとうぶんは乗法が可換であるとする.

一般的に多元環を定義すると，つぎのようになる.

(1) 加法的に書かれる群つまり加群 G がある.

その要素は $u, v, \cdots$ で表わす.

(2) 体 $K = \{a, b, c, \cdots\}$ がある.

(3) K と G のあいだにはつぎの関係が成り立つ.
$$a(u+v) = au + av,$$
$$(a+b)u = au + bu,$$
$$1u = u,$$
$$(ab)u = a(bu).$$

(4) 有限次元性

G の任意の要素は一定の n 個の要素 $u_1, u_2, \cdots, u_n$ の1次結合で表わされる.

$$a_1 u_1 + \cdots + a_n u_n.$$

以上の条件があるとき，G は体 K を係数体とする有限次元のベクトル群であるということを物語っている.

図36

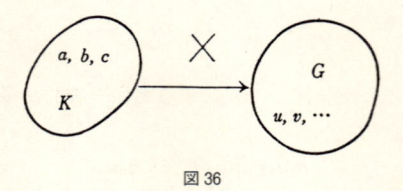

(5) K の要素 a を G の要素 u に左からかけると
$$u \longrightarrow au$$
という変換が G のなかに起こる．この変換は
$$a(u+v) = au+av$$
であるから，和を和に変えるから，G の準同型であり，写したものが G 自身の内部に止まっているから，内部準同型 (endomorphism) という．

(6) この G には加法のほかにはさらに乗法が定義されている．

G の任意の2つの要素 u,v に対してその積 uv が定義され，それには分配法則が成り立っている．
$$u(v+w) = uv+uw,$$
$$(u+v)w = uw+vw.$$

(7) K と G の要素は u にかけたとき可換である．
$$(au)v = u(av)$$
このことを少し別の立場から見直してみよう．

それは G が G 自身の内部準同型になっているということである（図37）．

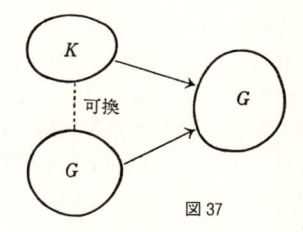

図 37

そして K と G という2つの内部準同型のつくる環が要素ごとに可換になっているということになる．

G 自身を G の内部準同型と見ることは，おそらくネーター（E. Noether）の創見であると思われる．

内部準同型というのはある「もの」を動かしたり，写したりする「はたらき」の概念である．体 K が群 G の係数体であるときには図38のようである．

つまり K の要素は G のなかをひっかきまわす役割をもっている．そういう意味で K は「はたらき」の集まりであり，G はその「はたらき」を受ける「もの」の集まりである．ところが，G 自身もやはり「はたらき」と考えることもできるわけである．

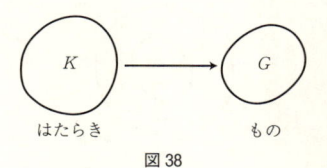

図 38

このように「もの」と「はたらき」が絶対的に分離したものではなく，相互に融通できるものと考えたところにネーターのユニークな見方がある．

　(8) これまでのところでは乗法の結合法則は仮定されていないが，多くのばあいはこの結合法則を仮定していることが多いので，黙っていたら乗法の結合法則が成り立っているものと約束しよう．

　(9) 乗法の単位元 e が存在するものと考える．つまり任意の u に対して，$eu=ue=u$ となる e である．

　この e があると，ae という形の数の全体は G のなかに含まれるが，これは

$$a \longleftrightarrow ae$$

という対応によって K と同型になる．こんどは K が G の外部に離れて存在するのではなく，K ——正確には K と同型な体——が G に含まれるということになる（図39）．

　こんどは逆に「はたらき」が「もの」に転化したことになる．だが一般的には e の存在ははじめから仮定していないばあいもある．

　以上が多元環の一般概念であるが，簡単にいうと複素数

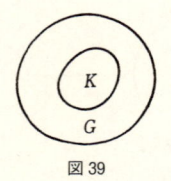

図39

の2次元を n 次元に,係数の実数体を一般的な体に拡張したものと考えてよい.

そういうところから,一昔前は多元環のことを超複素数系(hypercomplex number system)とよんでいた.

四元数

しかし複素数から多元環への拡張が一挙になされたわけではない.人間はいちどに大飛躍をやれるものではないし,また,いちどに大飛躍をやってみても,果たしてそれに意味があるかどうかわからないだろう.

複素数からの最初の拡張を行なったのはハミルトンの四元数であった.

係数体は実数であり,4次元でつぎのような乗法をもっているものである.

$u_1 u_1 = u_1$, $u_1 u_2 = u_2 u_1 = u_2$, $u_1 u_3 = u_3 u_1 = u_3$,
$u_1 u_4 = u_4 u_1 = u_4$.

つまり u_1 は単位元で,e と書いてもよい.

$u_2 u_2 = -u_1$, $u_3 u_3 = -u_1$, $u_4 u_4 = -u_1$,
$u_2 u_3 = u_4$, $u_3 u_4 = u_2$, $u_4 u_2 = u_3$,
$u_3 u_2 = -u_4$, $u_4 u_3 = -u_2$, $u_2 u_4 = -u_3$.

むかしは u_1, u_2, u_3, u_4 の代わりにそれぞれ $1, i, j, k$ という文字を使っていた.だから上の条件はつぎのように書くことができる.

$$1\cdot 1=1,\ 1\cdot i=i\cdot 1=i,\ 1\cdot j=j\cdot 1=j,\ 1\cdot k=k\cdot 1=k,$$
$$i^2=-1,\ j^2=-1,\ k^2=-1,$$
$$ij=k,\quad jk=i,\quad ki=j,$$
$$ji=-k,\ kj=-i,\ ik=-j.$$

このような多元環の要素は

$$a\cdot 1+b\cdot i+c\cdot j+d\cdot k$$

という形に書ける．この要素を四元数（quaternion）という．四元数の全体が四元数環——とくに，このばあいは体になる——である．

四元数どうしの加,減,乗が多元環の条件を満たすことは明らかである．

まずはじめに明らかなことは四元数体——これを Q で表わそう——が複素数体と同型な体を含んでいることである．Q のなかで $a\cdot 1+bi$ という形のすべての要素の集合を C とすると，この C は明らかに複素数体と同型である．

四元数のもつ著しい性質の一つは，0 でない要素がすべて逆元をもつことである．

$a\cdot 1+bi+cj+dk$ と $a\cdot 1-bi-cj-dk$ とをかけ合わせてみよう．

$$\begin{aligned}&(a+bi+cj+dk)(a-bi-cj-dk)\\&=a^2-abi-acj-adk\\&\quad+abi+b^2-bck+bdj\\&\quad+acj+bck+c^2-cdi\\&\quad+adk-bdj+cdi+d^2\\&=a^2+b^2+c^2+d^2\end{aligned}$$

a, b, c, d はすべて実数であるから，a, b, c, d のなかに 0 でないものが一つでもあれば
$$a^2+b^2+c^2+d^2 > 0$$
となる．だから $a+bi+cj+dk$ が 0 でないなら，係数 a, b, c, d のなかには 0 でないものが少なくとも一つはある．だから $a^2+b^2+c^2+d^2>0$ となり，
$$(a+bi+cj+dk)\left(\frac{a-bi-cj-dk}{a^2+b^2+c^2+d^2}\right) = 1$$
となる．つまり
$$(a+bi+cj+dk)^{-1} = \frac{a-bi-cj-dk}{a^2+b^2+c^2+d^2}.$$
だから，0 でない四元数はつねに逆元をもつ，ということがいえる．

だから四元数のつくる環は体をなす，ということがいえる．しかしこの体は可換ではない．そのことは，
$$ij = k, \; ji = -k$$
という2つの関係をならべただけでよくわかる．

つまり四元数体は最初に発見された非可換体の実例であったのである．ハミルトンの時代には実数体や複素数体以外の体は考えられなかったので，四元数の発見は一大センセーションをまき起こした．

その結果，複素数のもつ威力と同じような威力を四元数ももつであろうという期待がもたれたのである．四元数の研究をするために「四元数同盟」までできたほどである．

しかしその後になって四元数に過大な期待をかけること

はまちがいであることがわかってきた．つまりそれは一つの幻想だったのである．

一方で四元数以外の体を探すことも盛んにやられたが，それらは徒労に終わった．実数を係数にもつ多元環は実数自身と複素数と四元数だけであることが証明されたのである．

実数は1次元，複素数体は2次元，四元数体は4次元であるが，実数を係数とする3次元の体は存在しないのである．

われわれの住んでいる空間は3次元のベクトル空間であるが，このベクトルどうしのあいだになんらかの乗法を定義して，それが体になってくれると，何かと便利だと思われる．しかし，あいにくそうはなっていないのである．2次元の平面だと，それが複素数体となるためにそのことを利用するとひどく取り扱いがやさしくなることはよく知られている．

しかし3次元になると，ダメである．

だから3次元の関数論はつくれないのである．

現代数学への招待
12

分析と総合

　複素数まで数が拡張されると，もうこの辺で行き止まりかと思っていたら，四元数などという奇妙な数が発明された．そうなると，複素数という限界のなかで安住しているわけにはいかなくなった．そういうわけで四元数を特殊のばあいとして含むような多元環という広い「数」の範囲が考え出されるようになった．

　ここでいちど大きく拡張されはしたが，それだけで終わりはしない．そのように無数に存在し得る多元環の型をすべて見渡すことのできる一般的な原理はないだろうか，ということが当然問題になってくる．できるならすべての多元環をうまくもれなく数え上げることはできないかという期待が生まれてくる．

　そこでいつも浮び上ってくるのは分析と総合の方法である．化学の例をとってみよう．

　化学がまだ進歩していなかった時代には，人間は無数にある物質をどのように分類し，どこから手をつけてよいか

途方にくれたことと思われる．あまりにも多すぎるのである．

ところが物質のなかにはいくつかの元素というものがあって，他の物質はそれらの元素が結びついてできていることが発見されると，事情は一変する．H_2O や HCl や H_2SO_4 のように化合物を分子式で書き表わすことに気づくと，物質の合理的な分類が可能になり，できるだけ単純な物質からはじめて複雑な物質に及ぼしていくという研究の手順もわかってくる．

そればかりではなく，この分子式を導きの糸としてこれまでに自然界には存在しなかったような新しい化合物を人工的につくり出すことができるようになる．これはつぎのような手続きによっている．

$$\text{複雑な物質} \xrightarrow{\text{(分析)}} \text{元素} \xrightarrow{\text{(総合)}} \text{化合物}$$

このような分析と総合の方法は化学ばかりではなく，自然科学の全分野で広く利用されている．数学でももちろん例外ではない．

分析と総合の方法を多元環に適用すると，構造定理 (structure theorem) とよばれる一連の定理群が得られる．これは主として，アメリカの数学者ウェッダーバーン (Wedderburn) の得たものである．

これらの構造定理は，元素と分子式が化学のなかで演ずるのと同じ役割を多元環論のなかで演ずるとみてさしつかえない．

それはまずもっとも単純な元素に相当する単純な多元環を見つけ出し，そのような多元環への分解を行なう（分析）．

そこから一転して単純な多元環を適当に合成して複雑な多元環をつくる（総合）．それは種々の元素をうまく化合させて新しい化合物をつくる有機合成化学の行き方によく似ている．

まず一般の多元環を分解することからはじめよう．このプロセスはかなり長くて，いちいち厳密な証明を書くとスペースが足りないので，大まかな道すじだけに止めておく．

まず多元環の構造を研究するさいに，いつも利用されるいくつかの定石をあげておこう．

同型，準同型

2つの環 R, R' が加法，乗法，および定数の乗法を含めて1対1対応できるとき，R, R' は同型であるという．

つまり，R の要素 a を R' の要素 a' に1対1に対応させる φ という対応があって

$$a \xrightarrow{\varphi} a'$$

記号でかくと，

$$\varphi(a) = a'$$

があって

$$\varphi(a \pm b) = \varphi(a) \pm \varphi(b)$$
$$\varphi(ab) = \varphi(a)\varphi(b)$$
$$\varphi(\alpha a) = \alpha \varphi(a)$$

という条件を満足するとき，φ は同型対応，もしくは同型写像という．そしてこのような φ が存在したら R と R' は同型な環であるという．

つまり R と R' は環としてはまったく同一の構造をもっていることになる．だから R と R' をその内部構造だけから区別することはできないのである．

R をそれと同型な R' でおきかえてみてもそれだけではあまり役に立たないが，準同型という考えをもってくると，環の構造の簡素化，縮小ともいうべき手続きになる．

R から R' の上への写像 φ があって，それは多対 1 であってもよいものとする．そして加法と乗法についての条件は同型のばあいと同じである（図 40）．

このとき R' の同一の要素に写される R の要素の集合を一まとめにして，それを一つの類に結集すると，R がいくつかの類に分けられる（図 41）．

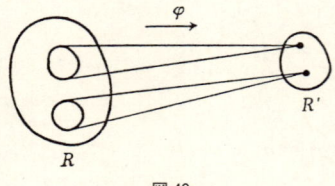

図 40

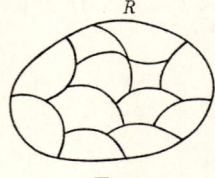

図 41

a_1, a_2 が R の同じ類に属すれば
$$\varphi(a_1) = \varphi(a_2)$$
また b_1, b_2 が同じ類に属すれば
$$\varphi(b_1) = \varphi(b_2)$$
ここで辺々加えると,
$$\varphi(a_1)+\varphi(b_1) = \varphi(a_2)+\varphi(b_2)$$
準同型の定義から
$$\varphi(a_1+b_1) = \varphi(a_2+b_2)$$
同じく引いても
$$\varphi(a_1)-\varphi(b_1) = \varphi(a_2)-\varphi(b_2)$$
$$\varphi(a_1-b_1) = \varphi(a_2-b_2)$$
同じくかけ合わせると,
$$\varphi(a_1)\varphi(b_1) = \varphi(a_2)\varphi(b_2)$$
$$\varphi(a_1 b_1) = \varphi(a_2 b_2)$$

以上のことから, 同じ類に属する要素の和, 差, 積をつくってもそれらは同じ類に落ちるということを意味している.

裏からいうと, 2つの類から勝手に要素をとってきて, たとえばその和をつくると, 種々の要素になるが, それらの要素は多くの類にまたがって含まれることはなく, 1つの類にはいってしまうということである (図42).

つまりおのおのの類は $+, -, \times$ という演算に対してひとかたまりとして行動するということ, 換言すれば $+, -, \times$ の演算に対して固い団結力をもっているのである.

図42

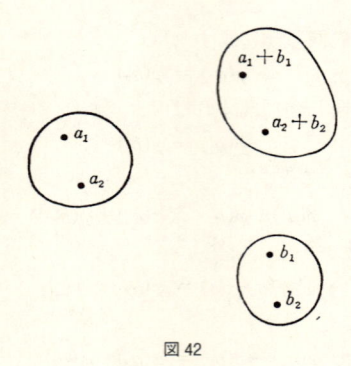

　だからこのような類を一つの要素とみなしてしまうことができる．そのようにして得られた環はもちろん R' と同型になる．

　以上の議論ははじめに準同型写像 φ が存在しているという前提から出発しているが，逆に，ある類別が存在するという前提から出発して R' に相当する縮小された環をつくることもできる．

　ここで類別といっても，R 全体の類別ではなく，縮小された R' の 0 に写されることの予定される類だけが与えられていてもよい．そのような類 M はどのような条件を満たすであろうか（図43）．

　2つの要素が 0 に写されるとしよう．

$$\varphi(a) = 0, \quad \varphi(b) = 0$$
$$\varphi(a+b) = \varphi(a) + \varphi(b) = 0 + 0 = 0$$

図43

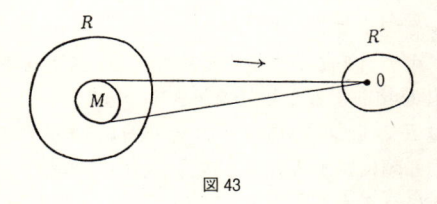

つまり $a+b$ も 0 に写され，$a+b$ はその類 M に属さなければならない．$a-b$ も同様である．

x が R の任意の要素であるとすると，
$$\varphi(xa) = \varphi(x)\varphi(a) = \varphi(x) \cdot 0 = 0$$
$$\varphi(ax) = \varphi(a)\varphi(x) = 0 \cdot \varphi(x) = 0$$
つまり xa も ax も 0 に写され，したがって，xa も ax もその類 M に属する．

以上のことをまとめるとつぎのようになる．

R の中の部分集合 M は

(1) 加法について閉じている．

(2) M の任意の要素 a に R の要素を左右からかけて得られる要素の集合を RM, MR とすればそれらは M に含まれる．

$$RM \subset M$$
$$MR \subset M$$

一般にこのような条件を満たす環の部分集合をその環のイデアール（ideal）という．

だから R' の 0 に写される R の要素全体は R のなかでイ

デアールをつくることがわかった.

このイデアール I が1つ与えられると,それをもとにして R 全体を類別することができるのである.

それは R の2つの要素 a, b はその差 $a-b$ が I に属するとき,同じ類に属するものと定義するのである.

たしかに φ の存在を仮定すると,
$$\varphi(a-b) = \varphi(a) - \varphi(b) = 0$$
となるはずである.

この類別をもとにし,R の要素 a をそれの属する類 a' へ写す写像を φ とすると
$$\varphi(a) = a'$$
この写像は加,減,乗をそのまま写すこともたやすく証明できる.このようにして得られた縮小された環を R の I による剰余環といい,R/I で表わす.

だから,イデアール I があるといつでも R/I という縮小された環がつくれるのである.

以上の議論をたどっていくと群における不変部分群から商群もしくは剰余群をつくる手続きとよく似ていることに気づくだろう.それはやはり群を縮小してより簡単な構造をもつ群をつくり出す手続きであった.

直和と直積

直和についてはすでにのべたが,それは環 R を2つの部分環の和に分けることで

$$R = R_1 + R_2$$

R_1 と R_2 は共通部分は 0 だけで, しかも R_1 と R_2 の任意の要素の積は 0 になる. つまり R_1 と R_2 はたがいに消し合うのである.

だから R_1 も R_2 も R のなかのイデアールになっているのである.

R_1 と R_2 は環としてはまったく無関係なのである.

これに対して直積は, R_1, R_2 の係数の体が同じであるとして,

R_1 の基 $u_1, u_2, \cdots, u_m$ と R_2 の基 $v_1, v_2, \cdots, v_n$ から, mn 個の積をつくり

$$u_1v_1, u_1v_2, \cdots, u_iv_k, \cdots, u_mv_n$$

それを基とする mn 次元の多元環のことである.

そのときの加法は 1 次形式の加法であるし, 乗法は $(u_iv_k)(u_sv_l)$ は v_k と u_s が可換として,

$$(u_iu_s)(v_kv_l)$$

と直し, この各々に R_1, R_2 の乗法の規則をそのまま適用したものと考えてよい.

あるいは R_2 を

$$\alpha_1v_1 + \alpha_2v_2 + \cdots + \alpha_nv_n$$

と書いたとき, $\alpha_1, \alpha_2, \cdots, \alpha_n$ の代わりにそれを拡大した R_1 の要素のすべてをもってきたと考えてもよい. ただし $v_1, v_2, \cdots, v_n$ は R_1 が係数となっても 1 次独立性を保たねばならない.

このようにしてつくられた mn 次元の多元環を R_1 と R_2

の直積といい
$$R_1 \times R_2$$
で書き表わす．

冪零と冪等

　環のなかでもっとも重要なのはいうまでもなく0である．0は加法群の単位元であるし，これはどの環のなかにも必ず存在する．体では0以外の要素には必ず逆元があって，0と0でないものの区別は截然としている．ところが一般の環ではその境界がそれほど明瞭ではない．0でなくても逆元の存在しない要素が存在し得る．たとえば実数を要素とする2行2列の行列の環

$$\begin{bmatrix} a_{11} & a_{12} \\ a_{21} & a_{22} \end{bmatrix}$$

では $\begin{bmatrix} 0 & 1 \\ 0 & 0 \end{bmatrix}$ という行列は0ではないが，逆元は存在しない．

　だから体でない一般の環では0ではないが0に近い「0に準ずる」とでもいうべき要素が存在することに気づくはずである．

　このような要素をうまく探り出して，それを一カ所に集め，他の要素から切りはなして分離しておく必要がまずおこる．こういう要素はやっかいでなかなか研究のむつかしいものなのである．

「0に準ずる」ということを具体的にいうと,「冪零」(nilpotent) ということである. それはある要素 a の冪 a^n が 0 になるということにほかならない.
$$a^n = 0$$
n は 1, 2, 3, … のどれでもよいが, とくに $n=1$ であったら a そのものが 0 である. まえにのべた $\begin{bmatrix} 0 & 1 \\ 0 & 0 \end{bmatrix}$ という要素は 2 乗すると 0 になるから
$$\begin{bmatrix} 0 & 1 \\ 0 & 0 \end{bmatrix}^2 = \begin{bmatrix} 0 & 0 \\ 0 & 0 \end{bmatrix} = 0$$
冪零である.

このような要素をすべてよせ集めて, それを分離することができたなら話は簡単であるが, そうはうまく問屋がおろさない. そういう冪零な要素の集合はたとえば加法について閉じているとは限らないのである.

たとえばまえの例でいうと,
$$a = \begin{bmatrix} 0 & 1 \\ 0 & 0 \end{bmatrix}, \quad b = \begin{bmatrix} 0 & 0 \\ 1 & 0 \end{bmatrix}$$
は $a^2=0$, $b^2=0$ であるが, その和は冪零ではないのである.
$$\begin{bmatrix} 0 & 1 \\ 0 & 0 \end{bmatrix} + \begin{bmatrix} 0 & 0 \\ 1 & 0 \end{bmatrix} = \begin{bmatrix} 0 & 1 \\ 1 & 0 \end{bmatrix}$$
それではどういう制限がなくてはならないだろうか.

それは 1 つの要素 a が冪零という条件よりは強い条件で, イデアールという要素の集合 $\mathfrak{A}$ が冪零という条件である.

$$\mathfrak{A}^n = 0$$

これは $\mathfrak{A}$ の任意の要素を n 個 $a_1, a_2, \cdots, a_n$ をとってきてかけ合わせると 0 になる, という意味である.

$$a_1 a_2 \cdots a_n = 0$$

このようなイデアールのもっとも大きなものが存在するが, それを根基 (radical) と名づける. この根基がやっかいな存在である.

A を多元環とし, R を根基とすると, 剰余環 A/R にはもう 0 以外の根基はなくなるだろう. このように根基が 0 であるような環を半単純 (semi-simple) と名づける.

A/R というのは R の要素を 0 とみなす大まかな見方でみた環のことであるから, その意味では A/R は R を無視したとみてもよいだろう.

しかし, A が半単純な A^* と根基 R の和にきれいに分かれるとまではいえない.

しかしある種の条件があれば, A は半単純な A^* と根基の和に分かれるのである.

$$A = A^* + R$$

つぎにこの半単純な A^* をさらに分解すると, これが単純な (simple) 多元環の和に分かれるのである.

$$A^* = A_1 + A_2 + \cdots + A_m$$

単純というのは 0 もしくは, それ自身以外の両側イデアールを有しないという意味である. 両側イデアールがあると, 多対 1 の準同型写像でより小さな環に縮小して写されるが, そのようなイデアールが存在しなければ縮小不可能

である．そういう意味で「単純」なのである．

さらにこの単純な多元環はどうなるだろうか．

それについてはつぎの定理がいえる．

定理 単純な多元環はある体（非可換であってもよい）の要素でつくられたすべての行列のつくる環である．

つまり，体 K の任意要素を $a_{11}, \cdots, a_{nn}$ とするすべての行列

$$\begin{bmatrix} a_{11} & a_{12} & \cdots & a_{1n} \\ a_{21} & a_{22} & \cdots & a_{2n} \\ \vdots & \vdots & & \vdots \\ a_{n1} & a_{n2} & \cdots & a_{nn} \end{bmatrix}$$

のつくる環——これを完全行列環という——となる．

完全行列環は n^2 個の基をもつ多元環である．

$$e_{11} = \begin{bmatrix} 1 & 0 & \cdots & 0 \\ 0 & 0 & \cdots & 0 \\ \vdots & \vdots & & \vdots \\ 0 & 0 & \cdots & 0 \end{bmatrix},$$

$$e_{21} = \begin{bmatrix} 0 & 0 & \cdots & 0 \\ 1 & 0 & \cdots & 0 \\ 0 & 0 & \cdots & 0 \\ \vdots & \vdots & & \vdots \\ 0 & 0 & \cdots & 0 \end{bmatrix},$$

……

$$e_{nn} = \begin{bmatrix} 0 & 0 & \cdots & 0 \\ 0 & 0 & \cdots & 0 \\ \vdots & \vdots & & \vdots \\ 0 & 0 & \cdots & 1 \end{bmatrix}$$

を n^2 個の基とすると,
$$e_{ij}e_{kl} = \begin{cases} e_{il} & (j=k \text{ のとき}) \\ 0 & (j \neq k \text{ のとき}) \end{cases}$$
という乗法をもつことがわかる.

このような多元環を M_n とおき,ある体を K とおくと,上の定理はすべての単純多元環が
$$K \times M_n$$
となる.ここまでくると,一般の多元環を分解していくと結局体と完全行列環と冪零の根基になってしまうことがわかった.

現代数学への招待
13

いろいろの距離

これまで主として群，環，体などの代数系についてのべてきたので，こんどは代数系とならぶ大きな柱である位相についてのべよう．

そのためにまず一般的な距離の概念についてのべよう．

近ごろ交通機関が飛躍的に発達したために，地球がせまくなったとか，距離が縮まったとかいわれている．これはもちろん本来の意味の距離が縮まったわけではなく，速度が増したので，2点間を移動する時間が短くなったという意味である．そのことを比喩的に距離が縮まったといい表わしているだけのことである．つまりそれは「時間的距離」とでもいうべきものである．

そう考えてみると，「距離」という言葉にも多様の意味があり得る．

日本のなかの2点のあいだの距離といっても，2点間の直線距離のことをさすばあいもあろうし，また鉄道線路にそった距離であるばあいもあろう．

図44

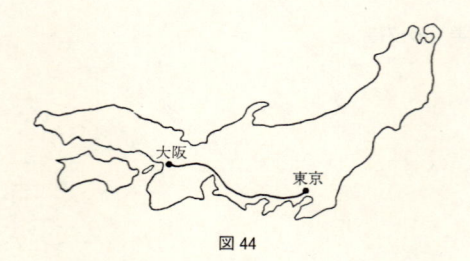

　東京―大阪間の距離といっても東海道線に沿って測った距離は556.4 kmであるが，直線距離はもっと短くなるだろう．
　このように種々さまざまの距離があり得るとしたら，それらさまざまの距離の一般論をつくっておくことが望ましい．
　そのために，代数系と同じく，「点」という要素からできている無構造の集合から出発する．
　この集合を R としよう．R は有限もしくは無限の要素からできているが，その要素を「点」と名づけることにする．
　ここで「点」というのは初等幾何でいう点を思い浮べる必要はない．それは集合の要素であればよいから，明確に規定してありさえすれば何でもよいのである．
　事実，それは幾何学的な点でなくとも，解析学では関数が点となるし，確率論では事象が点となる．だから，それは「あるもの」というほかはない．

このような集合の2つの「点」a, bのあいだに距離 $d(a, b)$ を導入するのであるが，この $d(a, b)$ はつぎの3つの条件を満たすものとする．

　(1) 2点が一致したら距離は0である．
$$d(a, a) = 0.$$
異なる点の距離は常に正である．すなわち $a \neq b$ ならば
$$d(a, b) > 0.$$

　(2) a から b までの距離は b から a までの距離に等しい．
$$d(a, b) = d(b, a)$$

　(3) 3点 a, b, c があるとき，a, b の距離と b, c の距離の和は a, c の距離より小さくはならない．
$$d(a, b) + d(b, c) \geq d(a, c)$$

以上3つの条件を満足する $d(a, b)$ という R の上の2変数関数が存在するとき，$d(a, b)$ を R の上の距離といい，このような $d(a, b)$ の定義できる集合を距離空間という．

　(1) の条件はきわめて妥当であると思われる．

　(2) になるとたとえば，a から b へ歩いて行ける時間とすると a が b より高いところにでもあれば，a から b へ行く下りの所要時間は b から a までの上りの所要時間より短くなるだろう．そうなると，
$$d(a, b) < d(b, a)$$
となって対称的ではなくなる．しかし距離空間の距離はこういう非対称性はゆるさない．

　(3) の条件は三角形の三辺の大小に関するものである．これも距離にとって本質的なものである．

図 45

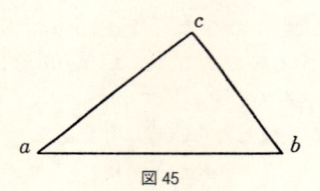

つぎに2次元の平面においていろいろの距離が存在することを実例で示そう．座標を x_1, x_2 とする．

普通の距離はピタゴラスの定理によって
$$d(a, b) = \sqrt{(x_1-x_1')^2+(x_2-x_2')^2}$$
となる．ただし a の座標は (x_1, x_2), b の座標は (x_1', x_2') とする．

原点からの長さ1の点は円になる（図46）．

しかし，そのほかにも距離は定義できる．$p \geq 1$ のとき
$$d(a, b) = \{|x_1-x_1'|^p+|x_2-x_2'|^p\}^{\frac{1}{p}}$$
を距離にしてもよいのである．$p=2$ のときがピタゴラス

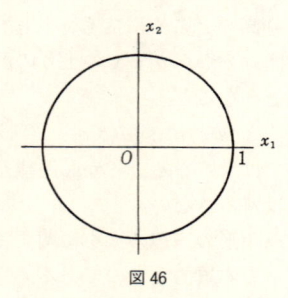

図 46

の定理による普通の距離である．

このとき原点からの距離が 1 となる点 c
$$d(0, c) = 1$$
はつぎのようになる．

$p=1$ のときはもっとも内部の菱形であるし，それからしだいにふくれていって，$p=2$ のときは円になり，p が 2 より大きくなると，しだいにふくれていって，$p \to \infty$ に近づくにしたがって，外部の正方形になる（図 47）．このような距離もやはり (1), (2), (3) の条件を満足する．

$\{|x_1-x_1'|^p+|x_2-x_2'|^p\}^{\frac{1}{p}}$ において $|x_1-x_1'|$ と $|x_2-x_2'|$ とのうちで大きいほうを仮に $|x_1-x_1'|$ とすると，
$$\frac{|x_2-x_2'|}{|x_1-x_1'|} \leq 1$$
であるから
$$\{|x_1-x_1'|^p+|x_2-x_2'|^p\}^{\frac{1}{p}}$$
$$= |x_1-x_1'|\left\{1+\left(\frac{|x_2-x_2'|}{|x_1-x_1'|}\right)^p\right\}^{\frac{1}{p}} \leq |x_1-x_1'| \cdot 2^{\frac{1}{p}}$$

図 47

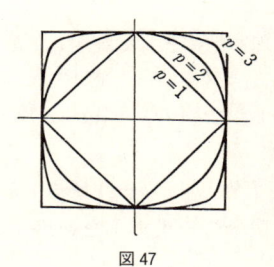

p を限りなく大きくすると，
$$\to |x_1-x_1'|$$
つまり
$$d(a,b) = \sup(|x_1-x_1'|, |x_2-x_2'|)$$

このような距離空間をはじめて研究したのはミンコフスキーであるところからミンコフスキーの空間とよぶことがある（相対性理論における時空世界とはちがう）．

このように同じ平面でも異なった距離を導入することができる．

2次元でなく n 次元の空間であったら，
$$a = (x_1, x_2, \cdots, x_n)$$
$$b = (x_1', x_2', \cdots, x_n')$$
という 2 点間の距離として
$$d(a,b) = \{|x_1-x_1'|^p+|x_2-x_2'|^p+\cdots+|x_n-x_n'|^p\}^{\frac{1}{p}}$$
をとることができる．これは (1), (2), (3) の条件を満足する．(1), (2) は簡単であるが，(3) をたしかめることは少しめんどうである．初等的に証明するにはつぎのようにすればよい．

まずつぎの定理を準備として証明しておく．

定理 $p \geqq 1$ のとき区間 $[0, a]$ で
$$f(x) = (x^p+b^p)^{\frac{1}{p}}+\{(a-x)^p+c^p\}^{\frac{1}{p}}$$
$$(a>0, b>0, c>0)$$
は $x=\dfrac{ab}{b+c}$ で極小値 $\{a^p+(b+c)^p\}^{\frac{1}{p}}$ をとる．

証明 方法は微分の極大極小を適用するだけである．

$p>1$ とすると,
$$f'(x) = \left(\frac{x^p}{x^p+b^p}\right)^{\frac{p-1}{p}} - \left(\frac{(a-x)^p}{(a-x)^p+c^p}\right)^{\frac{p-1}{p}}$$
$f'(x)$ は x が 0 から a に増加するにつれて単調に増加する.
$$f'(0) = -\left(\frac{a^p}{a^p+c^p}\right)^{\frac{p-1}{p}}, \quad f'(a) = \left(\frac{a^p}{a^p+b^p}\right)^{\frac{p-1}{p}}$$
だから 0 になるところは 1 カ所しかない.

$f'(x)=0$ とおくと
$$\frac{x^p}{x^p+b^p} = \frac{(a-x)^p}{(a-x)^p+c^p}$$
$$c^p x^p = b^p (a-x)^p$$
$$cx = b(a-x)$$
$$x = \frac{ab}{b+c}$$

この点における $f(x)$ の値を計算すると (図48),
$$f\left(\frac{ab}{b+c}\right) = \{a^p+(b+c)^p\}^{\frac{1}{p}}.$$

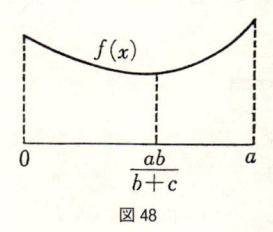

図48

この補助定理を適用していく.

簡単のために一般に $|x_1|, |x_2|, \cdots$ の代わりに $x_1, x_2, \cdots$ と書くと

$$(x_1{}^p+x_2{}^p+\cdots+x_{n-1}{}^p)^{\frac{1}{p}} = b$$
$$(x_1'{}^p+x_2'{}^p+\cdots+x_{n-1}'{}^p)^{\frac{1}{p}} = c$$
$$x_n = x, \quad x_n' = a-x$$

とおくと,

$$\{x_1{}^p+x_2{}^p+\cdots+x_{n-1}{}^p+x_n{}^p\}^{\frac{1}{p}}$$
$$+\{x_1'{}^p+x_2'{}^p+\cdots+x_n'{}^p\}^{\frac{1}{p}}$$
$$\geq [\{(x_1{}^p+\cdots+x_{n-1}{}^p)^{\frac{1}{p}}$$
$$+(x_1'{}^p+\cdots+x_{n-1}'{}^p)^{\frac{1}{p}}\}^p+(x_n+x_n')^p]^{\frac{1}{p}}$$

つぎつぎに適用していくと

$$\geq \{(x_1+x_1')^p+(x_2+x_2')^p+\cdots+(x_n+x_n')^p\}^{\frac{1}{p}}$$

となる. ここで

$$x_1+x_1' \geq |x_1-x_1'|$$

ゆえに

$$d(0, a)+d(0, b) \geq d(a, b).$$

この 0 は一般の点であってもよい.

これは n 次元のミンコフスキーの空間である.

無限次元の距離空間

n が有限でなく, 限りなく大きくなっていったとき, 無限次元の距離空間が得られる. 点 a は

$$(x_1, x_2, \cdots, x_n, \cdots)$$

b は

$$(x_1', x_2', \cdots, x_n', \cdots)$$

という無限個の座標で定められるとしてそのような2点のあいだの距離を

$$d(a,b) = \{|x_1-x_1'|^p + |x_2-x_2'|^p + \cdots + |x_n-x_n'|^p + \cdots\}^{\frac{1}{p}}$$

によって定義されるとすると，このような $d(a,b)$ はやはり (1), (2), (3) の条件を満足する．

　これは n が無限に大きくなったところがちがうが，ここにでてくる無限級数は収束しないと意味がない．n が有限のときは収束の問題は起こってこない．

　p は1に等しいか，より大きな実数であるが，$p=1$ のときは

$$d(a,b) = |x_1-x_1'| + |x_2-x_2'| + \cdots + |x_n-x_n'| + \cdots$$

となって，式は簡単になって取りあつかいが容易になる．

　逆に p が限りなく大きくなると $d(a,b)$ は

$$|x_1-x_1'|, |x_2-x_2'|, \cdots, |x_n-x_n'|, \cdots$$

の上限に近づく．

$$d(a,b) = \sup_n(|x_n-x_n'|),$$

これは $p=\infty$ に相当する．

　このように1から∞までの p に対して，ミンコフスキーの空間ができるが，そのなかでも，もっともよくでてくるのは $p=2$ のばあいである．ここではピタゴラスの定理が成り立っているし，$p=2$ であることから計算のレールにのりやすい．

関数空間

関数を「点」とみなすような空間を関数空間とよぶことにしよう．

簡単のために x のある区間 I の上に定義された連続関数全体の集合を R としよう．

R を構成している「点」は $f(x), g(x), \cdots$ というような連続関数である．

そのとき2「点」間の距離は

$$d(f, g) = \left\{ \int_I |f(x) - g(x)|^p dx \right\}^{\frac{1}{p}}$$

であると定義すると（図49），このような距離は明らかに (1), (2), (3) の条件を満足する．

ここでも $p=2$ のばあいはピタゴラスの定理が成り立つので普通のユークリッド空間と同じように取りあつかうことができる．

平面幾何では $\triangle ABC$ において辺 BC の中点を D とする

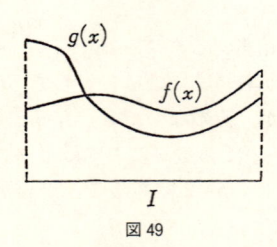

図49

と，つぎのような等式が成立する（図50）．
$$AB^2+AC^2 = 2AD^2+2BD^2$$

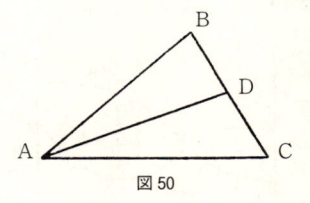

図 50

これはピタゴラスの定理から導かれるが，この等式が $p=2$ の関数空間にも成り立つのである．

$p=1$ のばあいは

$$d(f,g) = \int_I |f(x)-g(x)|dx$$

となって図51では $f(x)$ と $g(x)$ のくいちがいの部分の面積が距離となる．

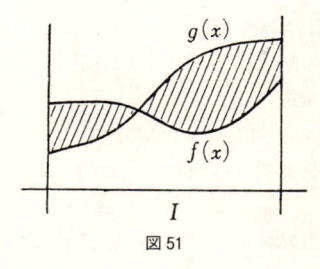

$p=\infty$ に相当するのは

図 51

$$d(f, g) = \sup_x |f(x) - g(x)|$$
が距離となるから図 52 では $f(x)$ と $g(x)$ の差のもっとも大きなくいちがいが距離となる.

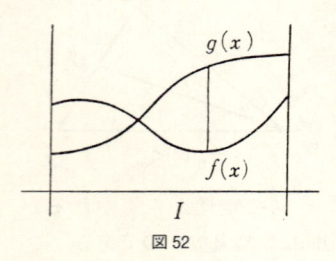

図 52

　以上のように関数空間に距離を導入すると, 解析学的な事実を関数空間のなかの幾何学的な表現に翻訳してとらえることができる.

　たとえば関数列
$$f_1(x), f_2(x), \cdots, f_n(x), \cdots$$
が関数 $f(x)$ に一様に収束するということは
$$\sup_x |f_n(x) - f(x)|$$
が $n \to \infty$ につれて 0 に近づくということである. 一様収束の条件は x の値とは無関係な ε が定まって, ある番号から先の n に対しては
$$|f_n(x) - f(x)| < \varepsilon$$
となるということであるから, これは
$$d(f_n, f) < \varepsilon$$
ということを意味する. だから f_n が f に一様収束すると

いうことはこのような空間で点 f_n が点 f に近づくということと同じである．

このように，解析学的な命題を幾何学的な映像によってとらえることができる．そういう意味で関数空間は解析学と幾何学を結びつけるものといえよう．

元来，人間はものを考えるとき何らかの映像に頼りながら考えていくことが多い．ちょっとこみ入ったことは映像や図式の助けをかりることによって，混乱や迷路にふみ込むことを避けながら考えを進めていくことができる．

ポアンカレが数学者には論理型と直観型があるといったことは有名である．それはいちおう正しいとみなければなるまい．しかし，これにもやはりただし書きが必要であろう．なぜなら純粋な論理型もいないし，純粋な直観型の人もいないだろうと思われるからである．

実数を考えるのに数直線を考えない人がいたらその人は純粋な論理型の人といえるだろうか．そういう人はいないだろうし，逆に直観だけで論理を使用しない人は数学者である限り，存在し得ないはずである．

数学はみな論理型であり直観型なのである．ただそのあり方がちがっているだけなのである．

だから，論理と直観とを結びつける試みは数学が発達しつつある限りは続けられるのである．そのような試みの一つとしてでてきたのが，距離であり，関数空間なのである．

現代数学への招待
14

近傍

「点」と称するものの集合があり，それらの点のあいだに「距離」と称する負でない実数が定義されていると，そこに遠近の規定された一つの空間が現出する．このような空間を「距離空間」とよんだ．

距離という考えはわれわれにとって親しみ深い考えであるために，距離空間もつかみやすい考えである．「点」のあいだに何らかの意味で遠近の関係が定義されているのがこれからのべようとする位相空間であるとすると，その遠近が実数で定義されているのだから，そのものズバリの感じがある．

しかしこの「距離」もあまりにもとらえやすくてかえって不便であるということになる．

なぜなら，トポロジーという数学の一部門は，図形——そのなかには空間も含めることにする——を連続的に変形することによって変化しない性質を研究するという任務をもっているからである．

図53

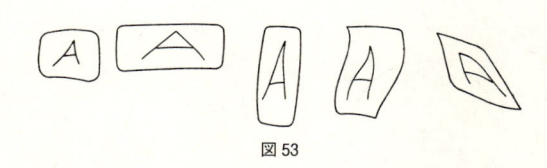

　ゴムの膜を連続的に変形したばあいを思いうかべてみるとよい．そのときは2点間の距離は思いのままに変化するであろう．つまり距離はあてにならないのである．しかしゴム膜の表面にかいた図形のつながり具合は変わらないであろう．

　この連続的な変形によっても変わらない性質を研究しようというのがトポロジーの固有の任務なのであるから，距離はたよりにならない．だから，距離とはちがった別のよりどころを求めなければならない．そのような理由で生まれてきたのが「近傍」という考えである．

　まず準備として距離空間のなかで考えてみよう．

　距離空間 R のなかの1点 p をとってみよう．このとき動く点 x がしだいに p に近づく，ということは簡単に x と p の距離 $d(x,p)$ が0に近づくということにほかならない．

　このことを別のコトバでいいかえてみよう．p からの距離が一定の数 r より小さい $d(x,p)<r$ な点の集まりを半径 r の球であると名づけることにしよう．そしてこれを $S(r)$ で表わそう（図54左）．r をいろいろに変えると，p を中心とする同心円の列ができる（図54右）．

図54

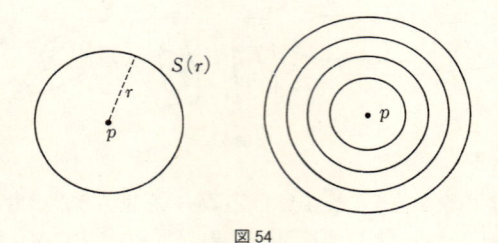

　x が p に近づくということは x がこの同心円の障壁をつぎつぎに突破してしまうので，$S(r)$ では r をいくら小さくしても x を遮断することができないということを意味している．だから

$$x_1, x_2, x_3, \cdots, x_n, \cdots$$

という点の列があったとき，どのような $S(r)$ も必ずある番号 N からさきの $x_N, x_{N+1}, \cdots$ はすべて含むということである．

　このような球 $S(r)$ は p のまわりにあって，p に近づいてくる点を見わけるのに決定的な役割をはたす．

　このような $S(r)$ を点の近傍といい，この近傍全体の集合を p の近傍系という．

　距離空間の近傍はその空間の部分集合であるが，それは距離によって定められている．距離の定義されていないような「点」の集合 R においても，その部分集合をえらび出して，それを近傍に相当するものとみなせば，距離空間とよく似たものができあがるだろう．そのようにして生まれ

てきたのが近傍空間である．集合 R の部分集合に点 p の近傍であるかないかの指定をすると，それでひとまず遠近の概念が R のなかに導入されたことになるが，この近傍の指定もあまりに勝手であっては困るのである．そこで最小限つぎの制約は受けるものとしよう．

（1）R のあらゆる点は少なくとも一つの近傍をもち，点 p はその近傍のすべてに含まれる（図①）．

つまり p の近傍を $U(p)$ とすると，
$$p \in U(p).$$

（2）同じ点の2つの近傍は第三の近傍を含む（図②）．

（3）点 q が点 p の近傍 $U(p)$ に含まれているとすると，q の近傍で $U(p)$ に含まれるものがある（図③）．

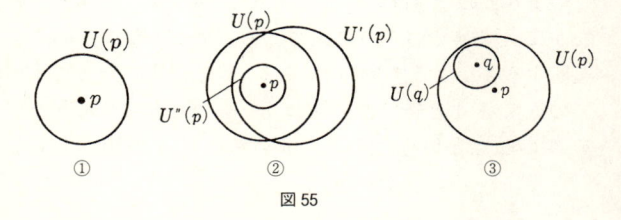

図 55

距離空間の近傍である球も以上 (1), (2), (3) の条件をもちろん満足している．

近傍空間は距離空間のもついろいろの性質のうちで，(1), (2), (3) だけをもつものであればよいのである．

触点, 閉包

 近傍によって空間を規定していくこともできるが, また閉包という考えで空間をつくっていくこともできる.

 平面上に円があって, その内部だけの集合を A としよう. したがって, その円の周囲は A には含まれていないものとする.

 円外の点 q があったら, 十分小さい近傍をとると, そのなかに A の点が入りこんでこないようにできる. ところが, このとき円周上の 1 点 p をとると, p はもちろん A には含まれていないが, p の近くには A に属する点がいくらでも存在する (図 56).

 つまり p の近傍はいくら小さいものをえらんでも, そのなかに A の点がはいりこんでくる. p の近傍で A の点を遮断することはできないのである. すなわち, 点 p のすべての近傍が A と空でない交わりをもつときこのような点を A の触点という. A の点はもちろん A の触点である

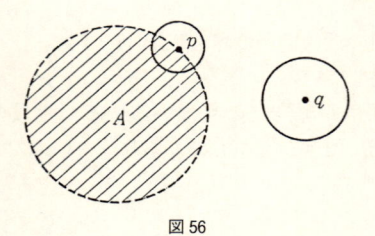

図 56

が，円周上の点もやはり A の触点となっている．

　A の触点全体の集合を A の閉包といい，$\overline{A}$ で表わす．

　この $\overline{A}$ の性質をあげてみよう．

　(1) の条件で A の点 p はつねにその近傍に含まれるから，p は A の触点である．だから A は $\overline{A}$ に含まれる．
$$A \subset \overline{A}$$
つぎに p が $\overline{\overline{A}}$ に含まれるとすると，p の近傍 $U(p)$ には必ず $\overline{A}$ のある点が含まれる．この点を q とすると，(3) によって q の近傍 $U(q)$ で $U(p)$ に含まれるものが存在する．q は A の触点であるから，$U(q)$ には A の点が含まれる．だから $U(p)$ は A のある点を含む．

　だから p は A の触点にもなっている．だから
$$\overline{A} \supset \overline{\overline{A}}.$$
すでに証明したように $\overline{A} \subset \overline{\overline{A}}$ にもなっているから，
$$\overline{A} = \overline{\overline{A}}.$$
　つぎに $A \cup B$ の閉包について考えてみよう．

　触点の定義によって
$$\overline{A} \subset \overline{A \cup B}$$
$$\overline{B} \subset \overline{A \cup B}$$
だから
$$\overline{A} \cup \overline{B} \subset \overline{A \cup B}$$
となることは自明である．

　その逆を証明しよう．

　p が $\overline{A \cup B}$ に属するものとしよう．そして $\overline{A}$ にも $\overline{B}$ にも属さないとしよう．そうすると p の近傍で A の点を含

まない近傍 $U(p)$ と，B の点を含まない近傍 $U'(p)$ が少なくとも一つずつは存在する．

(2) によって $U(p)$ と $U'(p)$ の双方に含まれる近傍 $U''(p)$ が存在することになる．この $U''(p)$ は A の点も B の点も含まないから，p は $A \cup B$ の触点ではないことになって仮定に反する．だから p は $\overline{A}$ か $\overline{B}$ か少なくとも一方には属さなければならない．

$$p \in \overline{A} \cup \overline{B}.$$

だから

$$\overline{A} \cup \overline{B} \supset \overline{A \cup B}$$

まえの結果と合わせると，

$$\overline{A \cup B} = \overline{A} \cup \overline{B}.$$

もう一つ補足的に空集合 ϕ の閉包は空集合であること，すなわち

$$\overline{\phi} = \phi$$

をつけ加えておくことにしよう．

まとめて書くと，つぎのようになる．

I　$\overline{A \cup B} = \overline{A} \cup \overline{B}$

II　$A \subset \overline{A}$

III　$\overline{\overline{A}} = \overline{A}$

IV　$\overline{\phi} = \phi$

「A の閉包 $\overline{A}$ をつくる」という ¯ は I, II, III, IV を満たす R の部分集合に対する操作である．

もとを正せばこの閉包をつくる ¯ は近傍から「近傍——触点——閉包」という順序で導き出されたものであった．

閉集合と開集合

集合 A の触点を考えていくと $A \subset \overline{A}$ であるから一般的には A の外にはみ出す．しかし， ¯ という操作によってそれ以上大きくならない集合を閉集合という．つまり

$$A = \overline{A}$$

という集合である．

「閉じている」(closed) というコトバは数学のいたるところにでてくるコトバであるが，大まかにいうと，ある集合に対して何らかの操作が定義されているとき，その集合の範囲内だけでその操作が完全に遂行できるとき，その集合はその操作に対して「閉じている」(closed) という．

たとえば自然数全体の集合

$$N = \{1, 2, 3, \cdots\}$$

は，加法が自由に行なえる．つまり N の任意の2つの要素を加えても N の要素になって，N の外にはみ出さない．だから N は「加法的に閉じている」という．しかし N は減法に対しては閉じていないのである．

トポロジーでは「触点をつくる」という操作が自由に遂行できるのが，閉集合である．

つねに $\overline{\overline{A}} = \overline{A}$ であるから $\overline{A}$ はつねに閉集合である．

閉集合のいくつかの性質をあげてみよう．

閉集合の有限個もしくは無限個の閉集合の共通集合はやはり閉集合である．

$$A_1, A_2, \cdots$$

の共通部分を D とする.
$$D \subset A_1$$
$$D \subset A_2$$
$$\cdots\cdots$$
であるから
$$\overline{D} \subset \overline{A_1} = A_1$$
$$\overline{D} \subset \overline{A_2} = A_2$$
$$\cdots\cdots$$
したがって $\overline{D}$ は $A_1, A_2, \cdots$ の共通部分 D に含まれる.
$$\overline{D} \subset D$$
一方,$D \subset \overline{D}$ は明らかだから
$$\overline{D} = D$$
だから D は閉集合である.

その性質を使うと $\overline{A}$ を A の閉包と名づけた理由がよくわかる. $\overline{A}$ は A を含む閉集合のうちで最小のものであり,また A を含むすべての閉集合の共通部分でもある.

つぎに閉集合の合併に対してはつぎの定理が成り立つ.

定理 有限個の閉集合の合併集合はまた閉集合である.

これは2つの閉集合について証明すれば,それをつぎつぎに適用すれば有限個のばあいが証明できる.

A_1, A_2 が2つの閉集合であるとしよう.

ここで $A_1 \cup A_2$ をつくってみよう.
$$\overline{A_1 \cup A_2} = \overline{A_1} \cup \overline{A_2} = A_1 \cup A_2.$$
だから $A_1 \cup A_2$ は閉集合である.

これをつぎつぎに適用していくと,

$$A_1 \cup A_2 \cup \cdots \cup A_n$$
が閉集合であることが証明できる．

しかし，ここで注意しておく必要のあることは，**無限個の閉集合の合併集合は必ずしも閉集合にはならない**ということである．

また R 全体と空集合 ϕ は閉集合になる．たとえば直線上の有理数の点は 1 点としては閉集合であるが，有理数全体の集合は閉集合にはならない．

閉集合の余集合を開集合という．だから閉集合についての $\cap$, $\cup$ の関係は $\cup$, $\cap$ の関係に逆転して開集合についても成立することになる．

有限もしくは無限個の開集合の合併集合はまた開集合である．

有限個の開集合の共通集合は開集合である．

全空間 R と空集合 ϕ は開集合である．

さて，この開集合をそれに属する点の近傍と考えると (1), (2), (3) を満足する近傍空間ができるだろうか．

つまり，それまでとは逆の路をたどってみるのである．

閉包 ⟶ 閉集合 ⟶ 開集合 ⟶ 近傍 ⟶ 近傍空間．

I, II, III, IV を満足する閉包の定義された集合 R ——つまり空間 R —— は (1), (2), (3) を満足する近傍空間になるだろうか．答は肯定的である．

空集合 ϕ は閉集合であるから，その余集合 R は開集合である．だから R の任意の点 p に対してはそれを含む近傍 R が少なくとも一つ存在する．p を含む開集合を p の

近傍とすれば (1) は成立する.

p の 2 つの近傍を $U(p), U'(p)$ とすると，その余集合をそれぞれ A, B とする．A, B はもちろん閉集合である．

そうすると $A \cup B$ はもちろん閉集合である．そのとき，その余集合 $U(p) \cap U'(p)$ は開集合で p を含んでいるから，p の近傍である．ゆえに (2) が証明された．

p の近傍 $U(p)$ に属する点 q は $U(p)$ に含まれるから $U(p)$ は q の近傍でもある．だから (3) が成立する．だからこのような空間が近傍空間であることがわかった．

以上のことから空間 R を定義するのにつぎの 4 つの方法があることがわかった．

(ⅰ) 近傍の指定
(ⅱ) 閉包の指定
(ⅲ) 閉集合の指定
(ⅳ) 開集合の指定

(ⅰ) と (ⅱ) の関係は上にたどったとおりであるが，(ⅲ) と (ⅳ) も同様に関係づけることができる．

(ⅲ) は R の部分集合のなかで「閉集合」と称するものを指定して，それがつぎの条件を満足するものとする．

(1) 有限もしくは無限個の閉集合の共通集合は閉集合である．

(2) 有限個の閉集合の合併集合は閉集合である．

(3) R と空集合は閉集合である．

これから出発するときは，A を含むすべての閉集合の共通集合を $\overline{A}$ と定義すれば (ⅱ) につながる．

また (1), (2), (3) と ∩, ∪ を入れかえて開集合を定義してもよい．

　以上 4 つの方法で集合 R に遠近の関係を導入することができるが，そのようにして遠近関係の導入された「点」の集合 R を位相空間 (topological space) とよんでいる．位相空間 R の満たすべき条件はわずかであるので，位相空間はきわめて広い範囲の「空間」を包括することができる．1 次元の直線も，2 次元の平面，3 次元の立体も，あるいは n 次元の相空間 (phase space) も，無限次元のヒルベルト空間も，いやしくも距離空間である限りはこの位相空間の一種である．

　このように位相空間は広汎な概念ではあるが，一方においてはあまりに広すぎてしまつに困るような傾向もないわけではない．

　そこで，位相空間にいろいろの条件をつけて，それをしだいに特殊化していく必要が起こってきた．

現代数学への招待

15

位相空間と分離公理

　位相空間は距離という概念を利用しないで遠近の定義された空間である．位相空間 R はその要素の「点」の集合であるばかりではなく，その部分に閉集合であるかないかの指定がされていればよい．それだけで空間としての R の性質は確定したものとみなしてよいのである．

　R のすべての部分集合が閉集合として指定されたとすると，それは閉集合の極端に多い空間になるし，また反対に R 自身と空集合だけが閉集合である空間は逆に閉集合の極端に少ない空間になる．他の空間はその両極端の中間にあるとみてよいのである．

　それでは閉集合が多いか少ないかはその空間の性格にどう影響するだろうか．

　たとえば 1 本の $[0,1]$ の区間の線分をとってみよう．

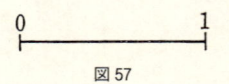

図57

これを1つの位相空間 R とみなすと，この R は2つの互いに共通部分のない閉集合に分解することはできない．
$$R = A \cup B$$
で，$A \cap B = \phi$（空集合）とする．

A の点で右のほうに B の点の存在するような点全体を A' とする．A' の上限の点を C とする．

ε を任意に小さい正数として，区間 $[C-\varepsilon, C]$ を考えるとこの中には必ず A' の点が存在する．

また，$[C-\varepsilon, C+\varepsilon]$ のなかに B の点がはいっていなかったら，上限は $C+\varepsilon$ も A' に属することになって矛盾である．だから，この中には B の点も含まれる．だから，C は A, B 双方の触点になっている．A, B は閉集合だから，C は双方に含まれることになる．これは矛盾である．だから R は共通部分のない部分集合に分解することはできない．

しかし，2つの区間からできている空間は

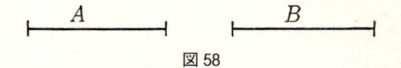

$$\vdash\!\!-\!\!-\!\!A\!\!-\!\!-\!\!\dashv \quad \vdash\!\!-\!\!-\!\!B\!\!-\!\!-\!\!\dashv$$

図58

明らかに2つの閉集合 A, B に分けられる．
$$R = A \cup B, \quad A \cap B = \phi.$$

だから，2つの閉集合に分けられないような空間は連結していると考えてよい．そうでなかったら切れているとみてよい．

$R = A \cup B$ と分解したときは，B は A の余集合であるから開集合にもなっている．だから連結している空間 R は R 自身と空集合以外には閉集合であり開集合である部分集合をもっていないことになる．それに反して第2の例はそのような部分集合をもっているのである．後者のほうが閉集合が多いといえよう．

　この例からもわかるように，閉集合が多ければ多いほど，その空間は裂け目が多いということになる．

　だから，R 自身と空集合だけを閉集合とする空間はもっとも裂け目のない空間であると考えてよいし，また逆にすべての部分集合が閉集合となっている空間はもっとも裂け目が多く，すべての点が残りの点から孤立しているという空間である．

　他の空間はこの両極端の中間に位していて，閉集合も R と空集合以外にもあるし，また，すべての部分集合が閉集合であるというように多くもないわけである．

　このように指定された閉集合——もしくはその余集合としての開集合——がどのくらいあるかということを，点や部分集合を近傍で分離することがどの程度可能であるか，という条件でいい表わしたものに「分離公理」といわれるものがある．

　分離公理は程度によっていろいろの段階にわかれている．だんだん条件がきびしくなっていくにつれて，位相空間がわれわれの住んでいるユークリッド空間に近づいていく．

T_0-空間

まずコルモゴロフの分離公理というものをあげよう. それはつぎのようにいい表わすことができる.

「空間 R の任意の2点をとったとき, 少なくともそのうちの1点は他の点をふくまない近傍を有する.」

この条件を T_0 といい, この条件を満足する空間を T_0-空間と名づける. たとえば R 自身と空集合だけを閉集合とする空間は, 開集合も R と空集合だけであるから, 一方だけを含み, 他を含まない開集合は存在しないし, したがって近傍も存在しないわけである.

このような T_0-空間では1点 p の閉包 $\bar{p}$ は必ずしもその1点ではない. 一般には

$$p \subset \bar{p} \text{ で } p \neq \bar{p}$$

となっている.

このような空間の例として, つぎのようなものをあげることができる (図 59).

三角形の3頂点を 1, 2, 3 と名づけ, 三角形を {1, 2, 3}, 辺

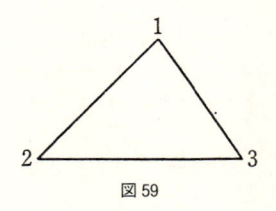

図 59

を $\{1, 2\}, \{2, 3\}, \{3, 1\}$, 頂点を $\{1\}, \{2\}, \{3\}$ とし,これらの 7 個の集合を R とする.各要素の閉包は,その要素とその辺,端であるとする.たとえば辺 $\{1, 2\}$ の閉包は

$$\{1, 2\}, \ \{1\}, \ \{2\}$$

である.

このとき,余集合は開集合になっている.このような空間では T_0 の条件が成立している.その確かめは読者にまかせよう.

T_0 の条件を閉包の条件に翻訳すると,つぎの形になる.

定理 2つの異なる点の閉包は異なる.

証明 $p \neq q$ とする.一方の p が q を含まない近傍 $U(p)$ を有するとする(図 60).

そうすると,p は q の閉包 $\bar{q}$ には含まれない.だから

$$\bar{p} \neq \bar{q}.$$

逆に,$\bar{p} \neq \bar{q}$ とする.

p が $\bar{q}$ に含まれると,

$$\bar{p} \subset \bar{\bar{q}} = \bar{q}.$$

また同じく q が $\bar{p}$ に含まれるとすると

$$\bar{q} \subset \bar{p}.$$

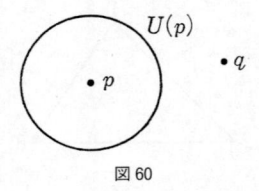

図 60

同時に, $p \subset \bar{q}$, $q \subset \bar{p}$ が成立すると $\bar{p} = \bar{q}$ となって矛盾する. だから $p \subset \bar{q}$, $q \subset \bar{p}$ の一方は成立しない. 仮に $p \not\subset \bar{q}$ ならば p は $\bar{q}$ の余集合 $R - \bar{q}$ に含まれる. これを $U(p)$ とすれば, この $U(p)$ は開集合で, q を含まない. (証明終り)

　一般に半順序系 P があったとする. すなわち P は半順序 $<$ の定義された集合であるとする.

　この P の部分集合 A に対して, A のある要素 a をとって, $x \leq a$ となるすべての要素の集合を, その閉包 $\bar{a}$ と定義すると, そのようにして得られた位相空間は T_0-空間である.

　なぜなら, $p \neq q$ として, $p < q$ ならば $\bar{p}$ は q を含まないから, $\bar{p} \neq \bar{q}$. $p > q$ でも, やはり $\bar{p} \neq \bar{q}$ であり, T_0-空間であることがわかる.

　逆に T_0-空間があって, $p \subset \bar{q}$ のとき $p \leq q$ という 2 項関係を導入すると, $p \leq q$, $q \leq r$ から
$$p \subset \bar{q},\ q \subset \bar{r}$$
したがって,
$$p \subset \bar{q},\ \bar{q} \subset \bar{\bar{r}} = \bar{r}$$
となり,
$$p \subset \bar{r}$$
したがって
$$p \leq r.$$
つまりこの $\leq$ は推移的となる. だからこの R は半順序系となる.

だから T_0-空間は半順序系と同一視してさしつかえないのである.

たとえばある会社の社員全体の集合を P として,上役と下役の関係を $p<q$ で表わすと,P は半順序系である.したがって T_0-空間でもある.そのときある社員 p の閉包 $\bar{p}$ は彼自身と,彼の部下全員である.

T_0-空間では1点の閉包がその点より大きくなるというのであるから,幾何学的な常識からはほど遠い.だからハウスドルフなどはこういう条件を飛び越して,もっときびしい条件をはじめから設定したのである.ところが T_0 という条件は半順序系と関係づけられることがわかると,これは重要な一段階であることになる.

T_1-空間

これを T_0 よりは少しきつい条件で,$p \neq q$ のとき,「どれか一方の」点ではなく両方とも他を含まない近傍を有する,という条件である.これを T_1 の分離公理といい,この公理を満足する空間を T_1-空間という.

定理 T_1-空間では1点 p の閉包 $\bar{p}$ は p 自身である.
$$p = \bar{p}$$
証明 $\bar{p}$ が p 以外の点 q を含むとしよう.このとき,q の近傍は必ず p を含むはずである.だからこれは T_1 に矛盾する.だから $\bar{p}$ は p 以外の点は含まない.図61(a).

図61

ゆえに
$$p = \overline{p}.$$

逆に $p \neq q$ とすると $\overline{p}=p$ は q を含まない．だから，q の近傍の中には p を含まないものがある．図61(b)．

ゆえに T_1 が成立する．

T_2-空間

ハウスドルフはさらにすすんで，つぎの条件を立てた．
「異なる2点は互いに共通部分のない近傍を有する」
つまり，$p \neq q$ のとき，p, q の近傍 $U(p), U(q)$ が存在して
$$U(p) \cap U(q) = \phi$$
となる．

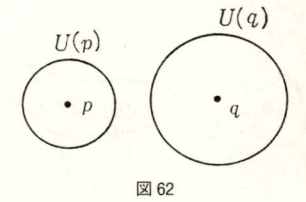

図62

このような条件を T_2 といい，T_2 を満足する位相空間を T_2-空間もしくはハウスドルフの空間とよぶ．

T_2 は T_1 よりきびしいから T_2-空間は T_1-空間であることは明らかである．しかし T_1-空間ではあるが，T_2-空間にならない実例が存在する．それをあげることは省略する．

以上で2点に関する分離公理をあげたが，これをまとめると，T_0, T_1, T_2 はしだいにきびしい条件になっている．だから

$$T_0\text{-空間} \supset T_1\text{-空間} \supset T_2\text{-空間}$$

という順序になっている．

さらに閉集合を分離する条件になってくると，つぎのような形のものになる．

T_3-空間

これは T_2 のなかで一方の点のかわりに閉集合をおさえたものである．

閉集合の1点とそれを含まない閉集合は共通部分のない近傍をもつ．

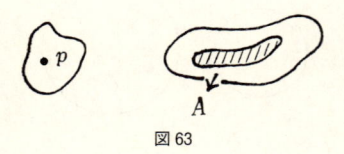

図63

これを第3の分離公理という．

　しかし注意しておくが，この条件から T_2 はでてこないのである．なぜなら T_1 が成立するかどうかわからないので，すべての点は必ずしも閉集合であるとは限らないのである．

　だから T_1 が成立すればこの条件から T_2 がでてくるのである．

　このような空間を正規（regular）と名づけている．

　さらに進んで両方とも閉集合となるばあいはつぎの条件になる．

　「互いに共通部分のない2つの閉集合はやはり共通部分のない近傍をもつ」

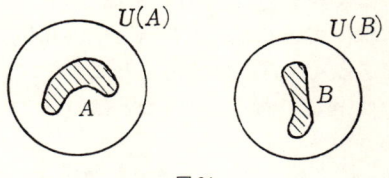

図64

　この条件を満たす T_1-空間を正則（normal），もしくは T_4-空間という．

　このように分離の条件をだんだんきつくしていくと，われわれにとって親しみ深いユークリッド空間に近づいていくが，その途中にある重要な空間は距離空間である．そこで問題となるのは位相空間にはどのような条件があれば距

離空間と位相的に同じになるか,ということである.これは古くからの大きな問題であったが,最近になって永田氏らによって解決された.

しかしこれはむつかしい問題なので,ここでは省略しておく.

連続写像

これまで1つの空間の内部構造を研究してきたが,つぎには2つ以上の空間のあいだの相互関係を研究する必要がおこってくる.

2つの空間, R, R' があって, R の要素 x に R' の要素 y を対応させる関数 $y=f(x)$ が存在するものとしよう.

この f によって R の部分集合 A が R' の部分集合 A' に対応するとき,$A'=f(A)$ とかくことにする.

ここで f が連続であるということはいったいどういうことであろうか.

われわれがよく知っている1変数の関数が連続であるという条件をふりかえってみよう.
$$y = f(x)$$
このとき,R も R' も一直線のつくる1次元の空間である.R のなかで x が集合 A の点をとおって a に近づくとき,a は明らかに A の触点である.そのとき $f(x)$ は R' のなかで $f(A)$ の点を動く.そして f が連続ならば $f(x)$ は $f(a)$ に近づく.つまり $f(a)$ は $f(A)$ の触点になっている.

つまり $f(\overline{A})$ の点 $f(a)$ は $f(A)$ の触点になっている．だから
$$f(\overline{A}) \subset \overline{f(A)}.$$

この条件を一般化して，一般の R, R' に適用して，f の連続性の定義とするのである．

R から R' への写像の逆を考えよう．
$$f(x) = y$$
で y が R' の部分集合 A' に属するようなすべての x の集合を A の原像といい $f^{-1}(A')$ で表わすことにしよう．

A' が R' のなかの閉集合であるとする．
$$\overline{A'} = A'$$
f が連続だから定義によって，
$$f(\overline{f^{-1}(A')}) \subset \overline{f(f^{-1}(A'))} = \overline{A'} = A'$$
このことから
$$\overline{f^{-1}(A')} = f^{-1}(A')$$
ゆえに $f^{-1}(A')$ は閉集合である．

つまり，連続的な写像において，閉集合の原像は閉集合である．

しかし，注意しておくが閉集合の像は必ずしも閉集合ではない．

たとえば R は一直線で R' は $[-1, +1]$ の区間であるとし，$y = \sin x$ による写像を考えてみよう．

A は R のなかで整数の集合であるとする．n が A の要素であるとき，その像 $\sin n$ は R' のなかでは閉集合ではない．

位相の強弱

もし R から R' への写像が1対1で連続ならば R' の閉集合には R の閉集合が対応する．だから R のほうの閉集合のほうが一般には多いわけである．大まかないい方をすると R のほうが R' よりは裂け目の多い空間になるわけである．裏からいうと，ある空間を1対1に連続写像すると，閉集合は一般に少なくなり，裂け目は減る傾向になる．このとき，R' の位相は R の位相より弱くないという．もし R' から R への逆写像が連続でなかったら，つまり，R の閉集合 A でその像が R' のなかで閉じていないものが一つでもあったら，R' の位相は R の位相より強いといってよい．

とくに逆写像が連続であったら R の位相と R' の位相とは同じであるといってよい．

位相の強い，弱いという形容詞は逆に使われることもある．連結力が強い弱いという意味なら，閉集合の少ないほうが強いことになるが，分離力が強い弱いという意味なら，閉集合の多いほうが強いというべきである．どちらを主語にみるかによって変わってくるわけである．

連結力では R 自身と空集合だけを閉集合に指定した空間がもっとも強いし，分離力ではすべての部分集合が閉集合である空間がもっとも強いわけである．

位相の強弱ということに着眼すると，同じ「点」の集合に導入できるすべての位相のあいだに強弱の順序がつけら

れ，これはまた半順序系になる．このような半順序系もまた一つの研究の題目となり得る．じじつ，それはいくらか研究されている．

エッセイ　遠山啓先生の思い出

亀井哲治郎

● わたしの《9・11》

　毎年，9月11日の命日が近づくと，「遠山先生が亡くなられて，今年でもう何年になるのかな……」と，しばし思い出をつむぐのが習いとなった．亡くなられた1979年から数えて，今年で33年になる．

　わたしが遠山啓先生と接したのは，1970年4月に日本評論社に入社してから9年半ほどである．月刊雑誌『数学セミナー』の編集会議で，毎月，さまざまな話をうかがった．また，数多くの著作から，そして1970年代半ば以降，精力的に活動された雑誌『ひと』を中心とする教育運動から，大きな影響をわたしは受けた．

　先生について語りたいことは山のようにあるが，思いつくままに，そのいくつかを記してみたい．

● 数学研究者としての遠山先生

　遠山先生が1979年9月11日に逝去されたあと，『数学セミナー』誌として追悼特集を組もうと，大急ぎで企画を立てた（1980年1月号）．その中にはぜひとも先生の数学的業績についての記事を入れたいと考えた．

遠山先生の学位論文「代数函数の非アーベル的理論」
(1950年；原文はドイツ語)はたいへんすぐれた仕事だった．
それをさらに深化・展開させることを，その分野の研究者
たちから期待され，おそらくご本人もそのように期しておられたであろう．しかし，ゆえあって踏み込んだ数学教育
との二足のわらじを履くことの困難さを前に，悩み抜き，
考え抜いた結果，先生は強い覚悟をもって数学教育の道を
選択された．──このことを，わたしは誰から聞いたのだったろう．先輩編集者だったか，あるいはどなたか数学者
からだったか．苦悩の中にある遠山先生の姿を想像し，深
く感動したことを想い出す．
　『数学セミナー』の編集顧問のひとり，清水達雄先生から
アドバイスをいただいて，この学位論文の企画について木
下素夫先生に相談した．9月末のある日の昼下がり，池袋
の居酒屋「笹周」の片隅だった．開店前の静寂のなかで，
わたしの企画案に黙って耳を傾けておられた木下先生は，
ひとこと，
　「それは岩澤（健吉）さんにお願いしなさい」
といわれた．
　岩澤健吉先生のご高名はかねてより聞いていたが，『数
学セミナー』ではまだ一度も原稿をお願いしたことがなかった．プリンストン大学におられる世界的な数学者が，一
介の数学雑誌に，はたしてこのような原稿を書いてくださ
るものだろうか……．心配し始めると切りがない．勇を鼓
してプリンストンに手紙を出したところ，すぐに「快諾」

の返事が届いた．文面には遠山先生に対する好意が溢れていた．まさに"天にも昇る"うれしさを覚えた．

岩澤先生のご希望で，掲載は2号あとの1980年3月号となったが，「遠山啓教授の数学的業績——学位論文「代数函数の非アーベル的理論」を中心に」と題する400字詰原稿用紙で約20枚になる記事は，1938年のアンドレ・ヴェイユの仕事を出発点とする代数函数論を非アーベル的立場から考えるという流れをたどりながら，遠山先生の仕事をその中にきちんと位置づけて解説されており，次のような文章で結ばれている．

「遠山教授が上述の非アーベル的理論の研究をはじめられた1940年代の初頭にはそのほとんどが未知の領域であったわけです．（遠山教授の『学士院記事』への最初の論文は1943年に出ています）．そうした時点において，いち早くWeilの論文に着目し，非アーベル的数学の重要性を認識して，戦争中から戦後にかけての困難な時期に際して立派な研究を成し遂げられた遠山啓教授の御識見と御努力とに対し，衷心より敬意を表してこの稿を終ります」．

20世紀後半以降の数論において「岩澤理論」という壮大な分野に成長する仕事をされた岩澤健吉先生から，誠実に綴られたこの原稿をいただけたことは，数学編集者として40年間務めてきたわたしにとって，記念碑的な出来事の一つである．それにしても，青色のインクで，1字1字，やや小さめの文字で丹念に書かれていたオリジナル原稿を保存しておかなかったことが，いまにして悔やまれる．

ところで，1980年1月号の「遠山啓追悼特集」には，銀林浩・齋藤利弥・清水達雄・宮崎浩の四先生による座談会「遠山啓先生の数学観」が収録されている．若き日々に東京工業大学の"遠山梁山泊"に集っていた人たちの話はじつに興味深いが，学位論文に関連して次のような発言があった．

〈清水　ちょうどあのとき（註：1955年の「代数的整数論国際シンポジウム」のこと），遠山さんの論文をヴェイユがよく知っていて，「おい，お前はいま何をやってる？」と聞いたんだって．「いま教育の問題を一生懸命やってる」と答えたら，「教育は大事だから」とヴェイユが言ったんだって．その話をぼく聞いたんです．そして，そのちょっと後だったかな，「やっぱり本当は数学をやりたいんだよ」と，さっきのアーベル関数の話を聞いたことがあるんです．あのとき遠山先生はずいぶん迷われたらしいんだな．そういう国際的な評価を受けている仕事でもあるし，男としたら，やっぱりそれをやりたいじゃない．だけど，どっちを選ぶかというときに，遠山先生は教育のほうに没入していく〉．

また，別のところでは，次のような話も出た．

〈齋藤　面白いんでね，ヴェイユは，あの論文の続きは全然やる気がなかったらしいんですね．遠山さんが別刷を送ったのよ．そうしたらヴェイユから手紙が来た．そして自分のあの仕事に対してお前が"so much time and labor"を費やしたということは"It's quite flattering to me"という

んだね. "flattering" というニュアンスは, ぼくはよくわからないんだけれども, 自分の心をくすぐるようなことだったという意味ですかね. ヴェイユ自身はもうあれ以上, テクニカル・ディテールまで入って面倒なことをやる気はなかったらしいね. それを遠山さんがあれだけエネルギーを使ってやったというのが, ちょっと心をくすぐられるような感じだったんじゃないかな〉.

アンドレ・ヴェイユと遠山啓. 3歳違いの二人のやりとりを想像すると, ちょっと楽しい.

● 『数学セミナー』の編集会議

わたしが遠山先生の姿をこの目で見, 声を聞いたのは, 1970年3月14日, 東工大で行われた最終講義「数学の未来像」のときだった. わたしは前年秋に日本評論社への入社が決まり, 12月からアルバイトとしてほとんど毎日"出社"して, 単行本『微分と積分——その思想と方法』の校正の手伝いをしていた. そんなとき, 編集部の人たちが最終講義を聴きにいこうと誘ってくれたのだった. 階段教室のいちばん後ろの席に着いて, ややハスキーな低音で朴訥に語られる講義を, 緊張しながら聴いたことを思い出す.

最終講義が終わって, 出口の近くで遠山先生が編集部の人たちに「よぉ!」と声をかけられた. わたしは端っこからこの光景を見ていただけだったが, その親密な雰囲気が, これからわたしもこの人たちの輪に加わって仕事をするのだという気持ちを一層高めてくれた.

そのまま4月には正式に入社し，数学セミナー編集部に配属となった．そして4月10日に開かれた編集会議で，遠山啓，矢野健太郎，赤攝也，清水達雄の四先生に正式に紹介された（『数学セミナー』は創刊以来，この四先生を編集顧問として迎えていた）．

毎月開催される編集会議は，ある号の何かの特集とか記事を議論して決めるというものではなく，談論風発，さまざまな話題に広がっていった．編集部のみならず，矢野先生が話題を提供されることも多く，政治や週刊誌ネタもあれば，数学をめぐる動向や数学教育に関する問題，時には好みの女性のタイプなど，笑い声が絶えることなく，3時間があっという間に過ぎていった．

たとえば女性歌手や女優のことが話題になると，矢野先生はよく「こういうと悪いけど，この人はあまり算数ができそうもないね」と冗談をいって，みんなを笑いに誘われた．あるとき，何かのきっかけで矢野先生が池内淳子のファンだと言われると，遠山先生がにこにこしながら，

「ぼくはモレシャンがいい」

と打ち明けられたので，大笑いとなった．テレビの語学講座に出演していたフランソワーズ・モレシャンさんの軽快なフランス語の響きを思い出す．

しかし，やはり数学の面白さについて語るときの遠山先生の愉しそうな表情が忘れられない．「この人はほんとに数学が好きなんだなぁ」と感じ入ったものである．

わたしたち編集部員は，さまざまに展開する話題を追っ

て，懸命にメモを取った．その中からずいぶん多くの企画が生まれた．編集長の野田幸子さんは，編集会議のひとときを「編集者教育のサロンだった」と評していた．

遠山・矢野両先生をはじめ編集顧問の方々は，わたしたち編集部の出す企画について，決して"No!"といわれたことがなかった．むしろ，わたしたちの意を汲んで後押しをしつつ，さまざまな角度からさらにアイディアを出してふくらませてくださった．それをもとに，また編集部で議論し，"自由に"企画を立てていった．

編集部が自分たちの発想を"自由に"展開していけたことは，とてもありがたいことだったが，この根柢には，創刊時に編集顧問を引き受けるにあたって遠山先生が言われた次の言葉が基調となっていたのである．

「ぼくたちはいくらでもアイディアを出すから，その中から編集部が"面白い"と思うものを選んで，自由に雑誌をつくったらいい」．

この"自由さ"が，編集者がみずから育っていくための基盤となったのだと思う．そして，40年余りの編集者生活を通じ，さまざまな意味合いで，"自由さ"こそが最も大切なものであったことを噛みしめている．

●創刊のことば「数学と現代文化」

日本評論社が『法学セミナー』『経済セミナー』に次いで三つめの雑誌『数学セミナー』を出そうと決めたとき，編集顧問には遠山啓，矢野健太郎の両先生をと，お二人の名

前が挙がったのは，きわめて自然なことだった．

というのは，日本評論社では1957年に矢野健太郎著『現代数学読本』を刊行して，これがベストセラーとなった．また1960年には遠山啓編著『どうしたら算数ができるようになるか——お母さんの教育相談』という本を出し，これまた破格の売れ行きとなった．社にとって，数学者とは，ほとんど遠山・矢野両先生のことだったのである．

これらの本を担当した編集者が野田幸子さん．『数学セミナー』の初代編集長である．当時30代半ばだった．津田塾大学の前身，津田塾専門学校理科で物理を学んだあと編集者となり，上記の本をはじめ自然科学関係の書籍をこつこつと作っていた．

1961年6月，野田さんは新雑誌の編集顧問をお願いすべく東工大に遠山先生を訪ね，「いわゆる受験雑誌ではなく，大学初年級に基礎をおいて，教育問題をはじめ，広く数学のトピックスを紹介する雑誌を創りたい」と企画の意図を説明したところ，先生は

「ぼくも時間と金があれば，そういう雑誌をやろうと思っていた」

と，しごくあたりまえのように承諾されたという（野田幸子「編集会議での遠山先生」，『数学セミナー』1980年1月号）．遠山研究室のとなりが矢野研究室で，矢野先生もまた快諾された．そしてお二人から，若い数学者たちに協力してもらうべきだと，当時30代だった清水達雄・赤攝也の両先生が推薦され，さらに一松信，米田信夫といった，やはり30

代の数学者の方々にご協力をお願いすることになった．また，応用数学方面で国沢清典，森口繁一の両先生にもご協力を仰いだ．

1962年4月号（3月刊）が創刊第1号である．30代のグラフィック・デザイナー杉浦康平さんによる斬新な表紙デザインが注目を集めたと聞く．

その巻頭に遠山先生は「数学と現代文化」と題して創刊のことばを書かれた．

数学は「自然科学の広い部分はもちろんのこと，社会科学の全般にわたって利用されるようになった」．その傾向は今後ますます強くなるだろう．そこで，

「この雑誌は数学と現代文化や現代生活との接触から生ずる多種多様な問題を積極的にとりあげて行くようにしたい」．

「科学技術はいうに及ばず社会科学から芸術に至るまで，現代文化のあらゆる局面に数学が登場してくることは，20世紀後半の特徴であろう．このような時代に活動するためには，ある程度の数学を身につけることがどうしても必要になってくる．そのことに気づいて，おくればせながら数学を勉強しなおそうと思っている人々は多い」．

「この雑誌はそうした人々の役にも立つようにしたい．新しい数学を学ぶのに昔のように曲りくねった道を通る必要はなく，もっと手軽な近道がいくらでもある．そのような近道もできるだけ公開するようにしたい」．

創刊から数年間の目次を見ると，遠山・矢野両先生をは

じめ，若い数学者の方々が毎号のように原稿を書いておられる．同じ号に複数の記事を書くことも厭わぬ健筆ぶりだ．たとえば遠山先生の場合，「ベクトルと行列」「複素数の話」「数学教育における量の問題」「現代数学への招待」「幾何教育の改造」「アメリカにおける数学の現代化」といった長期・短期の連載がわずか3年間に書かれ，そのほかに短いエッセイが何本もある．それほどにも，この新しい数学雑誌を盛り立て，この国の"数学文化"を育てていこうと，情熱を注いでおられたということだろう．

『数学セミナー』は今年（2012年）で創刊50周年を迎えた．そして出版社はちがってそれぞれだが，1963年創刊『数理科学』も来年が創刊50周年である．1968年創刊の『現代数学』は誌名を『BASIC数学』『理系への数学』と変えながら，いまも続いている．厳しい出版状況のもとで，これらの数学雑誌が継続していることは，世界的にも珍しいことだそうだ．

● 「cleverでなく，wiseな人間になれ」

東工大での最終講義「数学の未来像」では，数学の発展の歴史をスケッチし，「構造」という視点を取り入れた現代数学とその未来について語ったあと，数学におけるアマチュアリズムの大切さ，異なった専門の人たちとのコミュニケーションの必要性などが強調された．

感銘深い講義だったが，強く印象に残ったのは「cleverな人間でなく，wiseな人間になれ」というメッセージだっ

た．cleverな数学者の典型としてフォン・ノイマンを，wiseな数学者の典型としてノーバート・ウィーナーを挙げながら，話題は教育や政治にも及んだ．

「日本の現在の学校制度というのはcleverな人間をつくることを理想にしているというような感じがします．wiseな人間をつくることは忘れられてしまって，何でもいちおうはできる，いわゆるそつのない人間をつくる．日本には兄弟そろってcleverで「そつのない」政治家がいます」．

40年前の指摘が，大震災，大津波，原発大事故を経験したあとのこの国の状況に，そのまま当てはまるようだ．

森毅さんに「異説 遠山啓伝」という評伝がある（『数学セミナー』1980年1月号の「遠山啓追悼特集」に掲載）．亡くなってまだ間もない追悼号に「異説」とは，いかにも森さんらしい表現だが，長い間，遠山先生とともに数学教育改革運動にかかわってきた森さんならではの，誠実な筆致で描き出される遠山像は，しみじみとした味わいがある．安野光雅さんの挿し絵が，また情感をさそう．

末尾の文章を引用して，結びとしよう．

「なによりも人間を愛し，そして人間を楽しんだ人であった．口許には，いつもいたずらっぽい笑みを浮かべていた」

[付記1] 本稿中の「数学研究者としての遠山先生」「『数学セミナー』の編集会議」の2節は，数学教育協議会の機関誌『数学教室』2010年12月号に寄稿した「『数学セミナー』と遠山啓」に多少の加筆をしたものである．

[付記2] 遠山先生の最晩年から歿後にかけて刊行された《遠山啓著作集》(全29巻，太郎次郎社)は，現在も手に入れることができるが，著作集とは別の視点から代表的な著作を選んで7巻にまとめた，銀林浩・榊忠男・小沢健一編《遠山啓エッセンス》がある(亀書房＝企画・制作，日本評論社＝発行，2009年)．第1巻／数学教育の改革，第2巻／水道方式，第3巻／量の理論，第4巻／授業とシェーマと教具，第5巻／序列主義・競争原理批判，第6巻／中学・高校の数学教育，第7巻／数学・文化・人間．

[付記3] 2009年の遠山啓生誕100年・没後30年を記念して，数学教育協議会「遠山小冊子」編集委員会編『いま，遠山啓とは』という冊子がつくられた．かつて遠山啓について書かれた文章のみならず，何本かの書き下ろしもあり，たいへん興味深い内容である．主な執筆者を順不同に挙げると——森毅，上野健爾，銀林浩，小島寛之，佐藤英二，吉本隆明，奥野健男，鶴見俊輔，岩澤健吉，大岡昇平，杉浦光夫ほか．この冊子は非売品だが，わずかながら残部があるとのこと．関心をもたれた方は下記にお問い合わせください．

数学教育協議会・事務局　FAX：03-3397-6688

2012年9月9日

(かめい・てつじろう　亀書房，元『数学セミナー』編集長)

本書は著作「数学は変貌する」と「現代数学への招待」を合わせ収録した「ちくま学芸文庫」オリジナルである。
「数学は変貌する」は一九七一年九月に国土社より刊行された同名の書籍の一章を収録したものである。
「現代数学への招待」は雑誌『数学セミナー』（日本評論社）の一九六三年八月から翌年一〇月まで、一五回にわたる連載である。

ちくま学芸文庫

現代数学入門

二〇一二年十月十日　第一刷発行
二〇二四年三月十日　第四刷発行

著　者　遠山　啓（とおやま・ひらく）
発行者　喜入冬子
発行所　株式会社　筑摩書房
　　　　東京都台東区蔵前二—五—三　〒一一一—八七五五
　　　　電話番号　〇三—五六八七—二六〇一（代表）
装幀者　安野光雅
印刷所　株式会社精興社
製本所　株式会社積信堂

乱丁・落丁本の場合は、送料小社負担でお取り替えいたします。
本書をコピー、スキャニング等の方法により無許諾で複製する
ことは、法令に規定された場合を除いて禁止されています。請
負業者等の第三者によるデジタル化は一切認められていません
ので、ご注意ください。

©YURIKO TOYAMA 2012 Printed in Japan
ISBN978-4-480-09486-5 C0141